U0182182

太阳石系列科普丛书

SUNSTONE POPULAR SCIENCE SERIES

开采太阳石

MINING THE SUNSTONE

王国法 吴群英 张 宏 主编

中国科学技术出版社 科学出版社

·北 京·

图书在版编目（CIP）数据

开采太阳石 / 王国法，吴群英，张宏主编 . — 北京：
中国科学技术出版社：科学出版社，2023.10
（太阳石系列科普丛书）
ISBN 978-7-5236-0278-2

Ⅰ . ①开… Ⅱ . ①王… ②吴… ③张… Ⅲ . ①煤矿开
采—普及读物 Ⅳ . ① TD82-49

中国国家版本馆 CIP 数据核字（2023）第 140874 号

策划编辑	秦德继　徐世新
责任编辑	向仁军
封面设计	锋尚设计
正文排版	锋尚设计
责任校对	张晓莉
责任印制	李晓霖

出　　版	中国科学技术出版社　科学出版社
发　　行	中国科学技术出版社有限公司发行部
地　　址	北京市海淀区中关村南大街 16 号
邮　　编	100081
发行电话	010-62173865
传　　真	010-62173081
网　　址	http://www.cspbooks.com.cn

开　　本	710mm×1000mm　1/16
字　　数	246 千字
印　　张	15.5
版　　次	2023 年 10 月第 1 版
印　　次	2023 年 10 月第 1 次印刷
印　　刷	北京中科印刷有限公司
书　　号	ISBN 978-7-5236-0278-2/TD·52
定　　价	98.00 元
审 图 号	GS 京（2023）1851 号

太阳石系列科普丛书
编委会

主　　编： 王国法　吴群英　张　宏

编　　委： （以姓氏笔画为序）

丁　华	马　英	王　佟	王　蕾	王丹丹	王苏健
王忠鑫	王保强	王海军	亓玉浩	石　超	白向飞
巩师鑫	毕永华	任怀伟	刘　贵	刘　虹	刘　峰
刘俊峰	许永祥	孙春升	杜毅博	李　爽	李世军
杨清清	张玉军	张金虎	陈佩佩	苗彦平	呼少平
岳燕京	周　杰	庞义辉	孟令宇	赵路正	贺　超
黄　伟	龚　青	常波峰	韩科明	富佳兴	雷　声

《开采太阳石》编委会

主　　编： 王国法　吴群英　张　宏

执行主编： 许永祥　杜毅博　龚　青

编 著 者： （以姓氏笔画为序）

于　翔	王　雷	王丹丹	王忠鑫	王金金	叶　波
巩师鑫	朱玉芹	刘俊峰	刘培源	许　锟	许永祥
孙春升	杜毅博	李　爽	李世军	陈　浩	周　杰
庞义辉	孟令宇	赵路正	贺　超	凌鹏涛	雷　声

插　　图： 龚　青　付元奎

太阳石系列科普丛书简介

太阳石系列科普丛书由中国工程院院士王国法等主编，近百位科学家参与编写，由中国科学技术出版社与科学出版社联合出版。一期出版四册，分别是：《发现太阳石》《开采太阳石》《百变太阳石》和《太阳石铸青山》。

穿透时空，穿透大地，太阳把能量传给森林植物，历经亿万年地下修炼，终成晶石——"太阳石"。太阳石系列科普丛书探秘太阳石的奥秘，剥开污涅，呈现煤的真身。

太阳石系列科普丛书从地质学、采矿学、煤化学、生态学、机电工程、信息工程、安全工程和管理科学等多学科融合视角，系统介绍煤炭勘探与开发、清洁利用和转化、矿区生态保护与修复的科学知识，真实呈现现代煤炭工业的新面貌，剥开污名化煤炭的种种错误认知，帮助读者正确认识煤炭和煤炭行业。

太阳石系列科普丛书适合青少年等各类读者阅读，也适合矿业从业人员的业务素养提升学习。

开篇序言

　　煤炭是地球赋予人类的宝贵财富，在地球漫长的运动和变化过程中，太阳穿透时空，穿透大地，把能量传给森林植物，大量植物在泥炭沼泽中持续地生长和死亡，其残骸不断堆积，经过长期而复杂的生物化学作用并逐渐演化，终成晶石——"太阳石"，一种可以燃烧的"乌金"。

　　人类很早就发现并使用煤炭生火取暖。18世纪末，西方开始使用蒸汽机，煤炭被广泛应用于炼钢等工业领域，成为工业的"粮食"。从19世纪60年代末开始，煤炭和煤电的利用在西方快速发展，推动了第二次工业革命，催生了现代产业和社会形态。第二次工业革命促进了生产关系和生产力的快速发展，人类进入"电气时代"，煤炭与石油成为世界的动力之源。从20世纪40年代起，核能、电子计算机、空间技术和生物工程等新技术的发明和应用，推动第三次工业革命不断向纵深发展，技术创新日新月异，煤炭从传统燃料向清洁能源和高端化工原材料转变，成为能源安全的"稳定器"和"压舱石"。在已经到来的第四次工业革命中，煤炭的智能、绿色开发和清洁、低碳、高效利用成为主旋律，随着煤炭绿色、智能开发和清洁、低碳、高效转化利用技术的不断创新，将使我国煤炭在下个百年中继续成为最有竞争力的绿色清洁能源和原材料之一。

　　能源和粮食一样，是国家安全的基石。我国的能源资源赋存特点是"富煤、贫油、少气"，煤炭资源总量占一次能源资源总量的九成以上，煤炭赋予了我们温暖，也赋予了社会繁荣发展不可或缺的动力和材料。我国有14亿人口，煤炭、石油和天然气的人均占有量仅为世界平均水平的67%、5.4%和7.5%。开发利用好煤炭是保持我国经济社会可持续高质量发展的必要条件。

　　煤炭深埋地下，需要地质工作者和采煤工作者等共同努力才能获得。首先需要经过地质勘探找到煤炭，弄清煤层的分布规律和赋存条件，这就是煤炭地质学家的工作。煤炭开发首先要确定开拓方式，埋深较浅的煤层可以采用露天开采，建设露天煤矿；埋深较深的煤层可以采用井工地下开采，建设竖井或斜井，到达地下煤层后再打通巷道通达采区各作业点，这就是建井工程师的工作。接下来，采矿工程师和装备工程师需要完成井下巨系统的设计和运行，把煤炭从地下采出并运送到地面煤仓和选煤厂，经过分选的煤炭最终才能被运送给用户。

煤炭就是"太阳石"，是一种既能发光发热又能百变金身的"乌金"。它不仅可以用于超超临界燃煤发电和整体煤气化联合循环发电，实现近零碳排放，还可以高效转化为油气和石墨烯等一系列高端煤基材料，亦可作为航天器燃料和多种高科技产品的原材料。煤炭副产品还可以循环利用，促进自然生态绿色发展。

过去的煤矿和所有矿山开发一样，在给予人类不可或缺的物质财富的同时，会造成生态环境的损害，如采空区、塌陷区、煤矸堆积区等产生的环境负效应。然而，现代绿色智慧矿山开发注重与生态环境协调发展，在采矿的同时进行生态保护和修复。矿业开发投入了大量资金，也产出了巨额财富，促进了资源地区的社会经济发展，大幅度增加了生态治理的投入能力，内蒙古鄂尔多斯—陕北榆林煤田开发30多年来生态环境明显向好，把昔日的毛乌素沙漠变成了鸟语花香的绿洲，这是煤炭开发促进地区绿色发展的最有力证明。

今日的现代化煤矿已不是昔日的煤矿，今日的煤炭利用也不仅是昔日的烧火做饭。当今的智能化煤矿，把新一代信息技术与采矿技术深度融合，建设起完整的智能化系统，并且把人的智慧与系统智能融为一体，实现了生产力的巨大进步，安全生产得到了根本保障。当前，我国智能化煤矿建设正在全面推进，矿山面貌焕然一新，逐步实现煤矿全时空、多源信息实时感知，安全风险双重预防闭环管控；全流程人—机—环—管数字互联高效协同运行，生产现场全自动化作业。煤矿职工职业安全和健康得到根本保障，煤炭企业价值和高质量发展有了核心技术支持。

长期以来社会对煤矿和煤炭的认知存在很多误区，煤矿和煤炭被污名化。本套太阳石系列科普丛书，包括《发现太阳石》《开采太阳石》《百变太阳石》《太阳石铸青山》四册，从地质学、采矿学、煤化学、生态学、机电工程、信息工程、安全工程和管理科学等多学科融合视角，系统介绍煤炭勘探与开发、清洁利用和转化、矿区生态保护与修复的科学知识，力求全维度展示现代煤矿和煤炭利用的真面貌，真实讲述煤炭智能、绿色开发利用的科学知识和价值，真实呈现现代煤炭工业的新面貌，正本清源，剥开污名化煤炭的种种错误认知，帮助读者正确认识煤炭和煤炭行业。

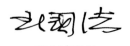

2023年8月

目录

第一章

鸟瞰矿区

陕北侏罗纪煤田榆神府矿区的开发，让一个沉睡了一亿四千万年的煤海苏醒了，让毛乌素沙漠边缘的这片干涸贫瘠土地下蕴藏的太阳石宝藏绽放出耀眼的光芒。太阳石的智能开发给沟壑纵横、尘土弥漫的黄土高原带来了一抹绿意，迸发出无限生机。一座座世界级的智能化矿井"掘"地而起，让我们将能源"饭碗"端牢，一串串以煤为基的产业链携手并进、转型升级，将"粗粮"变"精粮"。现代化智能型矿井、智能型电厂、智能型化工厂和生活园区等构建出具有太阳石文化特色的智慧矿区和智慧小镇。

本篇以陕北侏罗纪煤田榆神府矿区为例，弘扬太阳石在保障国家能源战略安全中深藏功与名的默默奉献精神，呈现现代科技支撑下的智慧矿区全景面貌，感受陕北"平凡的世界"中的"不平凡"，探索"以煤为基，多元产业聚集发展"的矿区智慧小镇。

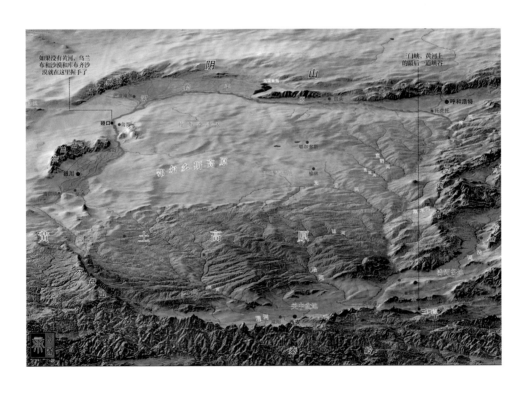

煤炭矿区端牢『能源饭碗』，吃饱『工业肚子』

石油是"工业的血液"，煤炭是"工业的粮食"，"富煤、贫油、少气"是我国的资源赋存特点。长期以来，煤炭一直都是我国的主体能源和重要原料的"顶梁柱"，工业的燃料动力资源中80%靠煤炭，化工原料中65%用煤炭。我国规划建设有14个亿吨级大型煤炭基地，162个煤炭矿区，产出的"工业粮食"保障各行业的能源供应，在端牢能源"饭碗"、保障国家能源战略安全大局中起到了"压舱石"和"稳定器"的兜底作用，让中国人挺直能源"腰杆"。

◉ 知识卡

煤田、矿区、井田、煤炭基地

煤田是在地质历史发展过程中，同一地质时期形成并大致连续发育的含煤岩系分布区。一个煤田可划分为若干个煤矿区或煤产地，一个矿区又可分为若干个井田（煤矿）。煤炭基地是主要的产煤区，可由一个或多个矿区组成。

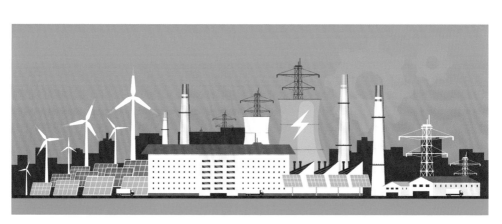

端牢能源饭碗

3

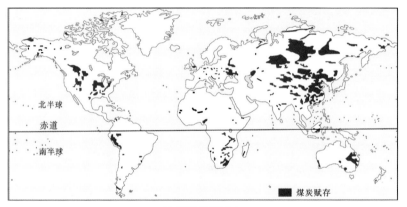

全球煤炭资源分布

中国煤炭基地和矿区

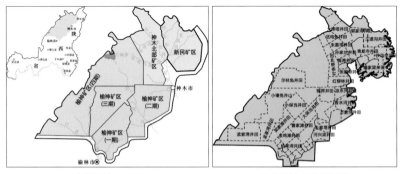

陕北榆神府矿区　　　　　　陕北榆神府矿区矿井

煤炭—煤炭基地—矿区—矿井

如果说农民是稻田里的守望者，那么矿工则是煤田里的守夜人。他们都是最可爱的人，他们保障粮食供应，愿你"手里有粮，心中不慌"，他们保障能源供应，愿你"三冬暖，春不寒"。粮食和能源都是来之不易的，所以我们要爱惜粮食、节约能源。

稻田里的守望者

煤田里的守夜人

一吨煤能发多少电

理想状态：1千克标准煤的热值大概是7000千卡，意思就是完全燃烧1千克的煤，能够释放7000千卡的能量，共计29300千焦（1千卡约等于4.186千焦），而1度（1度=1千瓦时）电的能量是3600千焦，所以1千克标准煤完全燃烧释放出的能量大约是8.14度电的能量。

现实状态：一方面，大多数煤的热值达不到标准煤的7000千卡，大部分火力发电厂的煤热值都比标准煤要低；另一方面，煤的热值在发电过程中并不能全部转化为电能，实际上只有大约40%在发电过程中转化为电能。所以，现实中1千克煤大约可发3度电，1吨煤的发电量约为3000度。

以1吨煤发3000度电计算，2020年，西安市全社会用电量415亿度，需要煤炭约1383万吨，一个年产1500万吨煤炭的曹家滩煤矿足以供应西安市一年的用电量。2020年，北京和上海全社会用电量分别为1140亿度和1576亿度，分别相当于3800万吨和5253万吨煤炭的发电量，这些煤炭如果全部由陕北煤炭基地供应的话，需要由曹家滩煤矿（年产1500万吨）、小保当煤矿（年产2800万吨）、柠条塔煤矿（年产1800万吨）、红柳林煤矿（年产1800万吨）和张家峁煤矿（年产1100万吨）5个先进的特大型智能化矿井共同供应。

🔥 知识卡

标准煤

标准煤是指热值为7000千卡/千克的煤炭。它是标准能源的一种表示方法。由于煤炭、石油、天然气、电力及其他能源的发热量不同，为了使它们能够进行比较，以便计算、考察国民经济各部门的能源消费量及其利用效果，通常采用标准煤这一标准折算单位。我国常用的能源与标准煤的单位重量折算比率是：原煤0.714、原油1.429。每立方米天然气按9310千卡计算，折合标准煤1.33千克。

西安市

用电415亿度，需1383万吨煤炭

2020年西安市用电量

北京市

用电1140亿度，需3800万吨煤炭

上海市

用电1576亿度，需5253万吨煤炭

2020年北京市、上海市用电量

年产1800万吨煤炭的红柳林煤矿

年产1800万吨煤炭的柠条塔煤矿

年产1100万吨煤炭的张家峁煤矿

年产1500万吨煤炭的曹家滩煤矿

年产2800万吨煤炭的小保当煤矿

陕北煤炭基地部分智能化矿井年产量

陕北智慧矿区
——黄土高原上的一抹绿

平凡的世界

路遥的现实主义长篇小说《平凡的世界》，全景式地展现了20世纪七八十年代陕北城乡社会生活。不甘平凡的孙少平在铜城大牙湾煤矿工作的场景，是那个时代煤矿"炮采"生产工艺（现已禁止采用）的缩影。由于采煤工艺的落后，孙少平的师傅王世才因意外去世，27岁的孙少平也在一次事故中为救护徒弟受了重伤，但他从医院出来后，又满怀信心地回到了煤矿，迎接新的生活与挑战。凭着那股韧劲和煤炭人的太阳石精神，孙少平在煤矿摸爬滚打，最终成为煤矿技术骨干，帮助煤矿解决各种疑难杂症。

《平凡的世界》图书封面

《平凡的世界》中的煤矿与孙少平原型

《平凡的世界》中的铜城大牙湾煤矿原型为铜川鸭口煤矿，路遥曾在铜川矿务局挂职宣传部副部长，并在鸭口煤矿体验煤矿工人的生活。孙少平的原型是路遥的弟弟王天乐，是鸭口煤矿的一名采煤工人。煤矿生活经历的种种见闻为《平凡的世界》的撰写积累了最真实、最质朴的素材。

《平凡的世界》电视剧中的孙少平

孙少平的矿工形象是我国20世纪七八十年代煤矿一线工人在恶劣艰苦的工作环境中甘于吃苦、乐于奉献的真实写照。改革开放40年来，经过一批批像孙少平一样的煤炭一线生产人员和科研人员的拼搏奋进，煤炭开采方法、开采装备、开采环境和矿区生活发生了巨大变化。虽然煤矿工人没有像军人一样备受爱戴和歌颂，但他们却始终在能源保卫战中默默奉献，深藏功与名。

《平凡的世界》电视剧中孙少平的工作场景

陕北榆神府矿区

作家路遥的家乡位于陕西省最北部的榆林市，是陕北侏罗纪煤田的核心区域。陕北侏罗纪煤田是世界七大煤田之一，煤田中的榆神府矿区是我国最好的矿区之一，也是陕北煤炭基地的重要组成部分。陕北侏罗纪煤田榆神府矿区煤炭开采从早期以"人拉肩扛"为主的落后"炮采"方法，经历了"普通机械化采煤""综合机械化采煤"阶段，逐渐向以数据驱动的"采煤不见煤，采煤不见人"的智能化无人采煤模式发展。

榆神府矿区大开发中，涌现了许多世界领先的现代化、智能化煤矿，如红柳林煤矿、柠条塔煤矿、张家峁煤矿、曹家滩煤矿、小保当煤矿等。智慧矿区的核心是智能化煤矿，除了煤矿外还有矿区生活区、矿区工业区（含电厂、化工厂、矸石砖厂等）、矿区医院、矿区学校等，保障着矿区的生产和生活。

接下来让我们一起鸟瞰矿区，领略现代化智能矿区风采。

💧 知识卡

侏罗纪煤田

你可能没有听说过侏罗纪煤田，但你可能看过电影《侏罗纪公园》吧？侏罗纪是一个地质年代，距今1.99亿~1.45亿年，就是恐龙称霸地球的那个时期，侏罗纪煤田的煤就是那个地质年代的植物残骸演变成的。除了侏罗纪外，还有石炭纪、二叠纪、白垩纪等成煤期，了解更多关于煤田的形成，请参看《发现太阳石》。

侏罗纪时期的恐龙

🔥 知识卡

智能化矿井

智能化矿井是将物联网、云计算、大数据、人工智能、自动控制、移动互联网、机器人化装备等与现代矿井开发技术融合，形成矿井感知、互联、分析、自学习、预测、决策、控制的完整智能系统，实现生产过程智能化运行。

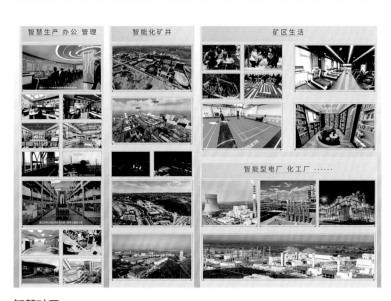

智慧矿区

智能化煤矿鸟瞰场景

红柳林煤矿

陕煤集团神木红柳林矿业有限公司（红柳林煤矿）隶属陕煤集团，是国家发展改革委在神府南区总体规划确定的四座大型煤矿之一，井田面积138平方千米，地质储量19.54亿吨，设计可采储量14.03亿吨，核定生产能力1800万吨。

煤炭产品具有低灰分、特低硫、特低磷、高发热量、高挥发分、高含油量的特点，是优质的动力、气化、液化、水煤浆和制备超纯煤原料，被誉为得天独厚、世界罕见的"环保煤"。

红柳林煤矿采用云计算、大数据、人工智能等新一代信息和通信技术（ICT），突出"智能、健康、绿色"的特色，成为"智能协同""井下空气质量革命""绿色立体生态"的示范矿井和现代煤炭企业，是现代中国煤矿智能绿色示范基地。

红柳林煤矿
鸟瞰场景

曹家滩煤矿

陕西陕煤曹家滩矿业有限公司（曹家滩煤矿）隶属陕煤集团，是国家煤炭工业"十二五"规划重点开发的大型煤矿示范项目，井田面积108.5平方千米，可采储量15.11亿吨，设计产能1500万吨/年。

曹家滩煤矿是国家首批智能化示范煤矿建设单位之一，煤矿在发展过程中，根据自身条件科学制定和实施智能化建设方案，促进了煤矿安全、质量、效率与效益的稳步提升。

曹家滩煤矿鸟瞰场景

小保当煤矿

陕西小保当矿业有限公司（小保当煤矿）隶属陕煤集团，面积220平方千米，地质储量49亿吨，可采储量30亿吨。按照"一公司两矿"地面共用生产系统的模式建设，规划年产量2800万吨，其中：一号煤矿1500万吨，二号煤矿1300万吨；煤质具有低灰、低硫、富油、中高热值、热稳定性好的特点，是良好的动力、气化、液化用煤。

小保当煤矿是国家"十二五"规划布局的重点煤炭建设项目，也是国家应急保供煤矿重点项目之一，被国家发改委列为"国家级智慧型矿井建设项目"，被中国煤炭工业协会评为"煤炭工业两化深度融合示范项目"。小保当煤矿的目标是要打造成为智能化煤矿，并建成千万吨级的智能高效少人、无人工作面。

小保当煤矿鸟瞰场景

"运筹帷幄"的煤矿智能调度指挥中心

　　智能调度指挥中心是矿井统一指挥、集中管控、分专业调度的信息中枢，以综合信息化平台为基础，以科学调度、强化预警、统筹指挥为职能，实现生产经营可视化、生产过程可视化、生产现场可视化、领导决策信息化，具有煤矿调度指挥中心对井上井下全面感知、实时互联、信息互通、动态预测、科学指挥等功能，可全力保障原煤开采行业的安全正常运行。

红柳林煤矿智能调度中心

曹家滩煤矿智能调度中心

小保当煤矿智能调度中心

守护健康的煤矿智慧健康屋

煤矿智慧健康屋借助计算机软件，集成了身高、体重、体温、心率、血压、血氧饱和度、血糖、血红蛋白、尿酸、胆固醇、血脂、人体成分和心电分析共13项体检检测功能，可实现受检者自主进行多项体格检查，检查结果与智慧园区系统联网，自动进入个人健康档案，实现了煤矿员工慢性疾病筛查，对高危人群、指标异常员工进行健康指导和干预的预防提醒。

曹家滩煤矿智慧健康小屋

"靠脸吃饭"的煤矿智慧餐厅

煤矿智慧餐厅的每个消费档口都安置了人脸消费机，让职工实现"靠脸吃饭"。选餐时，餐盘上的智能芯片自动感应，在旁边的屏幕显示出菜品的脂肪含量、蛋白质含量、热量等数据，如"100克的锅包肉中，蛋白质14.2克、碳水化合物5.8克、脂肪13.7克……热量总计202.4千卡（846.8千焦）。"

智慧餐厅与智慧健康小屋的体检数据相连，引入营养健康分析软件，根据人体健康信息和菜品营养参数进行大数据分析，为职工提供健康饮食建议，进行科学饮食，让每一位煤矿职工都能真正感受到科技的温暖，不断提升职工获得感、幸福感、安全感。

煤矿智慧餐厅

煤矿智能设备库

　　煤矿智能设备库为大大小小、品类繁多的设备和零部件等物资提供了智慧化的解决方案，提供基于PC终端、移动端以及无人化管理终端，支持二维码标签、NFC（近场通信）标签、RFID（射频识别）标签等各种类型的标签，记录智能设备库内的设备的借出和归还，实现设备全类型覆盖。智能设备库合理地划分区域，进行布局，采用多层货架和设备柜进行空间的利用，通过各种传感器和感应元件来实现对智能设备库内的物理条件进行监测。

智能综采设备库

煤矿智能
物资配送

小保当公司建立了陕北地区煤矿板块首个数字化智能仓库，3500平方米的仓库仅需7人即可完成结算。4000个库位的物资超市，在这些先进设备的搬运下即可实现上架和管理。物资全自动搬运率100%，空间利用率提升150%。整体储存量提升70%，作业效率提升50%。从根本上颠覆了原有的陈旧物资领取方式。

物资智能配送

煤炭
智能装运

煤炭的运输主要采用火车和汽车，沿海和沿河地区也采用轮船。

当一列空载火车沿着铁轨进入装车站时，煤炭智能装运系统的"火眼金睛"（机器视觉功能）便会立即识别车型、车号，并利用机器算法检测出车厢容量，充分掌握"客户简历"。信息识别完，防冻装置会自动喷洒防冻液，为装煤做好准备。随着列车驶进，系统通过3D传感器和AI采集等设备，对车厢进行厘米级精准定位。配煤装车、整平压实、抑尘剂喷洒等一系列环节均在无人化操作过程中逐一完成，单节火车车厢最快45秒完成装煤，全列车不到50分钟就满载出发。

火车智能煤炭装运

货车智能煤炭装运

　　智能汽车装车系统有效地解决了人工劳动强度大、装车速度慢、车辆管理混乱等问题。货车通过道闸时，起落杆自动抬起，车辆到达料口下方，智能语音提醒车辆进行配煤，装车站下的智能伸缩闸门自动落下放料，快速完成装车，实现40秒装完一辆大货车。

智慧办公

智能化煤矿将云计算、大数据、人工智能和5G等新一代信息和通信技术与煤矿生产办公深度融合，实现无纸化、云协同办公。数字化无纸办公，便于资料存储和共享，节约纸张，保护环境；云共享协同，矿井"一朵云、一张图"将多部门、多专业信息融合在一起存储和管理，实现全矿联动协同办公，减少到处奔波找资料的时间浪费；5G高速传输网络实时传输井上和井下生产作业场景，生产环节一目了然；手机应用程序（APP）将生产关键信息推送到手机，即使不在办公室也能及时响应。

综采（采煤）队办公区

智慧办公　　　　　　　　　带式输送机分控中心

矿区工业区和生活区

矿区除了一座座世界级的智能化矿井外，还有一片片以煤为基的产业链工业区，包括电厂、化工厂、矸石砖厂等，此外教育、文化、娱乐也是一个不少。煤矿职工有更多幸福获得感，煤炭企业实现更大价值创造。

矿区工业场景

矿区生活场景

"以煤为基，多元发展"的矿区智慧小镇

在传统观念中，矿区给人们留下位置偏远、发展落后、环境恶劣、工作繁重而危险等糟糕的印象。然而事实上，随着科技的进步、城镇化的发展，人类社会已发展到一个前所未有的高度，从农耕部落到工业现代化都市，智慧、生态、多元融合的文化特色城镇如璀璨的明星从全球各地冉冉升起。其中大型矿区以煤为本，多元产业聚集的煤矿区智慧小镇便是其一员，现代新型煤矿区特色小镇集智慧、生态、产业、休闲、文化于一身，是充分利用新一代信息技术，将矿区、社区、景区三大要素有机融合的"矿—景—镇"一体多能融合智慧小镇。

未来已来。能源消费从薪柴取暖到使用煤炭、石油等化石能源，从风能、太阳能、氢能到智慧电力，人类能源生产和能源消耗的过程经历了从价值传递到价值共享，城镇化的建设也从传统的空间认知和城市探索发展到了今天基于数字空间的智慧城市，从层级化体系到基于数据和云平台的共建共治共享新发展理念……人类不断突破认知边界，以前所未有的速度创造更辉煌的文明。对现代新型煤矿区而言，"数字、智慧、生态、多能融合"带来了全新动力。在数字经济、新型能源体系形成的过程中，中国煤矿区智慧小镇与世界同步，或许，这是中国煤炭企业在全球范围内实现从跟跑、并跑到领跑逆转的一个契机。

榆神府智慧矿区特色小镇采用智能型信息基础设施，围绕能源化工产业特色，发展文化旅游，打造成为智慧、生态、宜居的小镇。小镇改变了传统的矿区生产模式，建设了一个融合文化、经济、智慧、产业等因素的复合城镇生态系统，利用物联网、云计算等新一代信息技术全面感知小镇的运行状态，在矿区区域整合周边其他资源进行产业转型，营造独特的智慧时代的生活空间。

矿区一社区一景区

矿区智慧小镇全景鸟瞰图

矿区产业链的延伸

现在，煤炭的利用空间已向多元化、低碳化、高端化方向发展，通过产业链的延伸，增加煤炭的附加值，将煤炭由能源变为原料。以"煤电一体化"产业为例：如果1吨煤单卖价值200元，将这吨煤发成电，价值增加到600元，再将这些电用于大数据和云存储等高新技术产业，价值增加到1000元。这就是通过产业链延伸，增加了煤炭产品的附加值。

我国东部地区和西部地区在资源赋存和经济发展水平等方面存在差异。东部地区平原广阔，气候湿润，土地肥沃，有利发展种植业。此外，东部地区交通、通信、教育发达，城市众多，人才资源丰富，为工业发展提供重要条件，但东部矿产和能源资源短缺。西部内陆地区高原、山地面积广大，有丰富的矿产资源，有独特的民族风情、灿烂的历史文化，但气候干旱，发展耕作业的自然条件较差，与东部相比，西部在资金、技术、人才、市场、交通等社会经济条件方面差距较大。从地球太空灯光图可以看出，我国东部经济发达、人口密集、能源消耗量大的地区夜晚灯光璀璨，而西部能源丰富的地区由于人口密度低、经济发展相对迟缓的原因，灯光相对较暗。

地球太空灯光图
（局部）

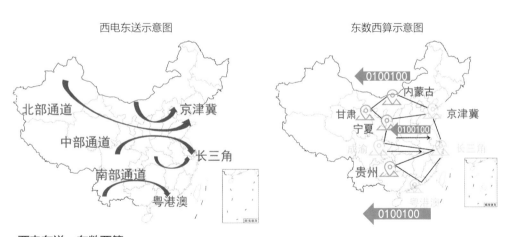

西电东送示意图

北部通道
中部通道
南部通道
京津冀
长三角
粤港澳

东数西算示意图

0100100
内蒙古
甘肃
宁夏
京津冀
成渝
长三角
贵州
粤港澳
0100100
0100100

西电东送、东数西算

"西电东送"与"东数西算"助力矿区

"西电东送""东数西算"是国家西部大开发重大战略工程，既有利于缓解东部地区能源供给短缺问题，又有利于西部高新技术产业发展。西部矿区具有资源、电力、环境等方面优势，矿区智慧小镇要以此为契机，引入更多的产业链延伸和高科技人才。

"西电东送"就是把煤炭、水能资源丰富的西部省区的能源转化成电力资源，输送到电力紧缺的东部沿海地区。

"东数西算"中的"数"，指的是数据，"算"指的是算力，即对数据的处理能力。"东数西算"是通过构建数据中心、云计算、大数据一体化的新型算力网络体系，将东部算力需求有序引导到西部，优化数据中心建设布局，促进东西部协同联动。简单地说，就是让西部的算力资源更充分地支撑东部数据的运算，更好地为数字化发展赋能。

以"东数西算"为例，数据中心产业链条长、投资规模大、带动效应强，西部数据中心的完善需要相关数据产业链的支撑。围绕数据中心就地发展数据加工、数据清洗、数据内容服务等偏劳动密集型产业，加速西部地区数字产业化和产业数字化进程，衍生新技术、新产业、新模式，支撑经济高质量发展，带动和加强数据中心上游设备制造业和下游数据相关产业等集聚。

"栽下梧桐树，引得金凤凰。"西部矿区智慧小镇高新技术产业发展，必然需高新技术人才支撑，这既有利于引进专业技术人才，也有利于西部地区人才的培养、发展和就业。

栽下梧桐树，引得金凤凰

第二章

探秘地下王国

苍茫的大地之下蕴藏着丰富的钻石、黄金、煤炭、石油等矿物宝藏，但它们并非俯拾即是，需要人类"披荆斩棘"开辟通往地下宝藏的"通道"，用智慧的"金钥匙"打开地下宝藏大门，获取矿物宝藏，最后还要用"九牛二虎之力"将矿物宝藏运到地面。

生活中，有很多"入地"题材的科幻影视，如电影《地心抢险记》和《地心历险记》，片中惊险刺激、震撼人心的场面是影视创作者对地下未知世界天马行空的想象。然而，科幻不等于科学，本篇带你探秘真实的太阳石地下王国，解密为何"上天容易入地难"，认识煤矿"五毒"灾害和双重预防机制，打开太阳石宝藏的大门，畅游太阳石地下王国。

矿物"宝藏"

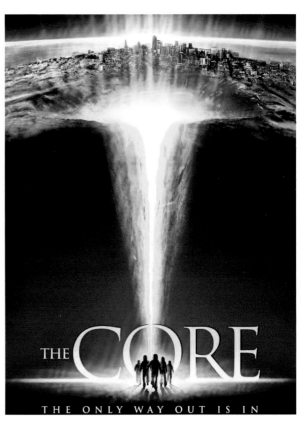

电影《地心抢险记》

『上天容易入地难』

浪漫主义诗人李白在《蜀道难》中用"蜀道难，难于上青天"的夸张手法形容蜀道的险峻陡峭，走起来比上天还难。

事实上，科学家们认为"上天容易入地难"。人类已乘坐火箭登陆38万多千米外的月球，却难以深入地下13千米。地球的平均直径是12742千米，而人类最深的钻探孔为12262米，大约是地球直径的千分之一。人类到达的地下最深的地方是位于南非的金矿，深度约4000米，矿井下空气温度达60摄氏度以上，比人体体温高20多摄氏度，简直是个"大蒸笼"。

如果把地球比喻为鸡蛋，那么人类的地下活动范围还不到"鸡蛋壳"厚度的1/10。与"扶摇直上九万里"的航天事业相比，人类"入地"事业步履维艰。是什么阻挡了人类"入地"的脚步？与"上天"面临的低温、无压（真空）状态相比，"入地"除需突破坚硬地层的层层阻隔外，还要克服地球深部的高温和高压。

蜀道难，难于上青天

超深钻探工程

20世纪70年代，苏联在科拉半岛实施的超深钻探工程用了20年时间，钻井最终深度为12262米，是目前世界上最深的钻井。德国KTB超深钻，深度9101米，排名第二。

我国最深的钻井是位于我国东北部松辽盆地的"松科二井"，钻探用了4年时间，井深7018米。

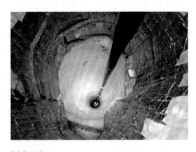

钻探孔

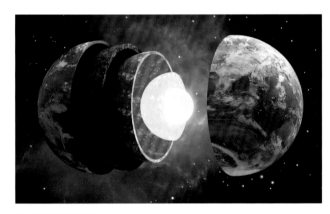

地层结构示意图

人类地下活动范围不到
"鸡蛋壳"厚度的1/10

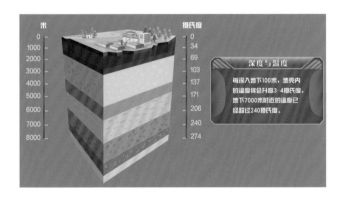

地层深度与温度

深地高温

通常，每垂直向地下100米，地层温度会升高3～4摄氏度，地下10千米的地层温度可达300～400摄氏度，人类无法在如此高的温度下生存，机器设备都难以正常工作。因此，"入地"面临着高温的挑战。

另外，深地高温也可以成为一种地热能资源，天然的地热温泉就是对地热能的利用。目前，科学家们正在研究如何更好地利用清洁的地热能资源宝藏。

地热温泉

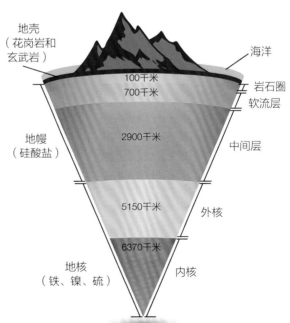

地球结构剖面

深地高压

地下深度越深，压在上面的岩石就越多，重力形成的压力（自重应力）就越大。通常，每向地下100米，自重应力就会增加约2.5~3.0兆帕，地下10千米的自重应力约为250~300兆帕，相当于2.5~3.0吨的小象压在1平方厘米的指甲盖上。

除了重力引起的自重应力外，还有与地球构造运动相关的构造应力。在地球深部自重应力和构造应力高的地区开挖井巷和硐室，井巷和硐室很容易变形或坍塌。

压力山大

 知识卡

地应力

地应力是在漫长的地质年代里，由于地质构造运动等原因使地壳物质产生了内力效应。它一般包括两部分：①由覆盖岩石的重力引起的自重应力，它是由引力和地球自转惯性离心力引起的；②由邻近地块或底部传递过来的构造应力。构造应力直接反映地壳运动的动力源，它是造成地震的一个重要因素。

煤矿『五毒』灾害

　　除了深地高温、高压外，煤矿灾害还有其特殊性。煤矿常见的水害、火灾、瓦斯灾害、煤尘灾害和顶板灾害是威胁煤矿安全生产的罪魁祸首，被煤矿作业人员形象地称为煤矿"五毒"灾害。

　　掌握煤矿"五毒"灾害的"毒性"，做到知己知彼、主动防范、对症下药、精准治理，就能药到病除、转危为安、化解风险，使"矿难猛于虎"的难题得到破解。

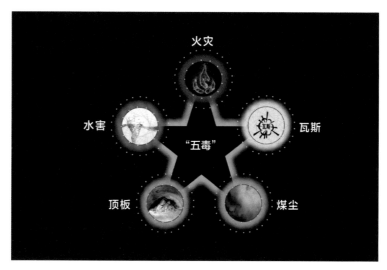

煤矿"五毒"灾害

　　水害是指可以导致煤矿淹井或出现人员伤亡的涌水或透水；

　　火灾是泛指井下发生的各种火灾；

　　瓦斯是指井下各种有毒、易燃易爆的气体；

　　煤尘是指能爆炸的煤尘和浓度达到可以导致尘肺的煤尘；

　　顶板灾害是指煤矿巷道或采区顶上的岩层发生的各种垮塌或冒落事故。

双重预防，保驾护航

煤炭资源的开采史也是开采人员与煤矿"五毒"灾害的斗争史，开采人员带着对煤矿"五毒"灾害的敬畏和探险精神，借助现代科技的力量征服煤矿"五毒"灾害，与"五毒"共舞。

与煤矿"五毒"灾害的斗智斗勇中，双重预防机制可为煤矿安全保驾护航。双重预防机制由"安全风险分级管控"和"隐患排查治理"两位"门神"大将，为煤矿安全构筑铜墙铁壁般的"金钟罩"和"铁布衫"，将"五毒"拒之门外，撑起煤矿安全的保护伞。

"安全风险分级管控"可通过"望、闻、问、切"对煤矿"五毒"等灾害进行主动辨识，将危险源分级管控，对于中、高风险区，将给予"黄码"和"红码"标识，并制定应急预案，让"防治"走在灾害之前。当探测或预测到危险等级提升时，可及时和实时提醒作业人员对中、高风险区保持警戒，防患于未然。

"安全风险分级管控"构筑第一道安全防线，像"疫苗"一样提高煤矿安全的"免疫力"，但并不能保证完全不受"五毒"侵害。

"隐患排查治理"是煤矿安全的第二道安全防线，像"核酸筛查"一样对潜在危险源进行排查，可在"安全风险分级管控"不到位的情况下"亡羊补牢"，及时治理隐患，将突破了第一道安全防线的煤矿"五毒"灾害消灭在萌芽阶段，通过"精准治理"，让灾害无处藏身，防止"毒性"扩散和事态恶化。

双重预防　保驾护航

"望闻问切"辨识提醒

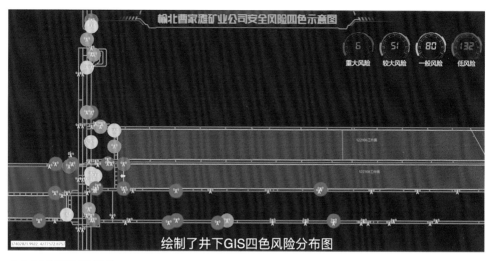

绘制了井下GIS四色风险分布图

安全风险四色示意图

🔥 知识卡

双重预防机制

双重预防机制是由安全风险分级管控和隐患排查治理两部分有机融合形成的一个完整机制，它是通过风险辨识评估，提前掌握生产过程中存在的风险，夯实各层级管控责任，并通过隐患排查治理，确保风险处于受控状态的一种主动安全管理机制。

智能化法宝让双重预防插上翅膀

"ABCD+5G"智能化法宝可使煤矿安全管控"运筹帷幄之中，决胜千里之外，纵览全局之策，洞悉全矿之微"，摄像头、传感器、监测设备和巡检机器人等智能化法宝为煤矿安全"站岗放哨"，将整个矿井安全管理"透明化"，智能调度中心成为安全管理的核心"指挥部"，实现全天候、全方位实时动态监测。

在智能化环境下，安全检查人员无须频繁奔波于各个危险源监测点，不用靠经验或记忆掌握大量的安全知识，不会因为疲劳产生疏漏，能够在隐患发生前采取措施从根本上减少隐患，避免安全检查人员一时疏忽造成"大意失荆州"。

机器狗和无人机代替人工巡检

不看广告
看疗效

双重预防机制与煤矿智能化法宝相结合，可针对煤矿"五毒"灾害提前预防、因病施策、对症下药、精准治理，将煤矿"五毒"灾害困于"天罗地网"之中，使煤矿"五毒"灾害对矿井安全的危害显著下降，灾害数量大幅度减少。双重预防机制不仅有效提升矿山安全管理水平，而且为政府安全监管提供了抓手，极大提高安全监管部门的监管效率与效果。

『太阳石通道』
——煤矿井巷工程

智能化煤矿是"采煤不见煤"的，地面只能看到一座座现代化的办公楼、住宿楼、餐厅和厂房等建筑，以及美丽的草坪和花园，环境十分干净美好。煤炭的运输路线是全封闭的，想见到煤都不容易。地面与井下开采场所通过"地下通道"相连，这些"地下通道"的专业术语叫"井巷工程"。

煤矿井巷工程是在煤矿地下开采中，为了揭露煤层以及提升、运输、通风、排水、动力供应等需要而开掘的井筒、巷道和硐室的总称。井巷工程的任务是在地下建筑所需的空间结构，并保持其稳定性，它需要通过破岩开挖，穿过和进入岩石和土这类地质体中，并保持开挖空间的稳定性。

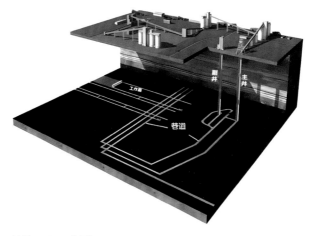

井巷工程示意图

井巷设计与 施工

　　井巷工程施工前需要由井巷设计工程师根据现场勘探情况，结合井巷空间位置、功能用途、施工条件和使用年限等因素，绘制设计图纸并制定施工方案。设计出的井巷多种多样：井巷倾角有竖直、倾斜和水平之分，井巷尺寸也有"大道"和"小道"，井巷形状有圆形、拱形和矩形等。

　　井巷工程施工就是按照设计要求和施工条件把岩石从岩体上破碎下来，形成设计所要求的井筒、巷道及硐室等空间。接着采用一定的支护材料和支护结构，对这些地下空间进行必要的维护，防止周围岩体变形、破碎和冒落。

图纸设计

井巷支护

井巷系统

井巷系统是由许多井巷连接在一起组成的井巷网络。矿井井巷系统和城市地铁交通系统十分相似，都属地下空间工程。我们可以通过城市地下交通系统狭长的地铁隧道去往城市的各个地方，煤矿作业人员则通过井巷系统狭长的井巷"通道"去往矿井的各个生产作业地点。不同之处在于地铁交通系统主要运输人员，而矿井的井巷系统除人员运输外，兼具有运煤、运物料、运设备等功能，并构成生产作业场所。煤矿井巷运输方式更多样，除轨道列车外，还有带式输送机、无轨胶轮车（"汽车"）、单轨吊、"猴车"（矿井特有的乘人缆车）等。

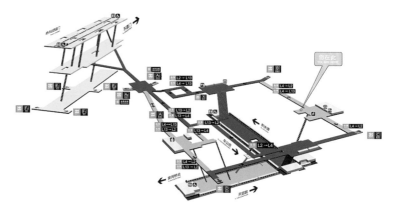

北京地铁西直门站示意图

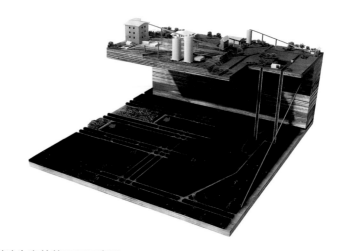

煤矿生产井巷工程示意图

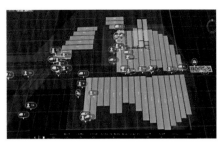

矿井采掘工程系统

猴车展示

乘坐猴车

智能矿井『集团军』
——十大生产系统协同作战

　　人体的呼吸系统、运动系统、消化系统等八大系统协调运转保障了人体的健康和各种功能的实现，智能化矿井的采煤系统、掘进系统、运输系统等十大生产系统保障了矿井的安全、健康、有序运转，使地下黑炭破茧蝶变成"乌金"。

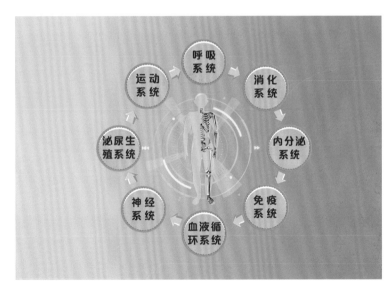

人体八大系统

　　智能化煤矿十大系统是一个复杂的巨系统，这里概括性地介绍一下各大系统的作用。

信息基础设施：万物互联，运筹帷幄，决胜千里。

地质保障系统：看透"敌情"，知己知彼，百战不殆。

辅助运输系统：兵马未动，粮草先行，后勤保障。

智能掘进系统：披荆斩棘，开疆拓土，冲锋陷阵。

安全监控系统：明察秋毫，洞悉全矿，保驾护航。

智能采煤系统：煤机一响，黄金万两，点煤成金。

主煤流运输系统：我们不生产煤炭，我们只是煤炭的搬运工。

通风与压风系统：同呼吸，共命运，同仇敌忾，御风前行。

供电与供排水系统：动脉与静脉结合，电流与水流交织。

智能化园区与经营管理系统：运筹帷幄，一切尽在掌握。

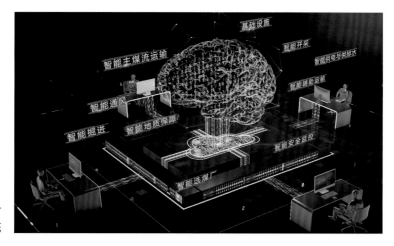

智能化煤矿
生产系统

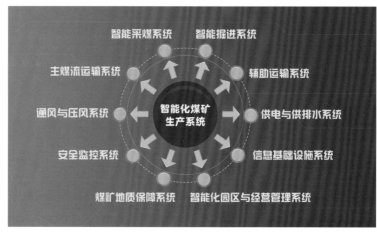

智能化煤矿
十大生产系统

漫游『太阳石地下王国』

"太阳石地下王国"漫游路线：

（1）矿井副井井口→（2）矿井辅助运输大巷→（3）矿井主变电所→（4）矿井水泵房→（5）采煤工作面辅助运输巷→（6）采煤工作面→（7）采煤工作面运输巷道→（8）掘进工作面→（9）矿井主要运输大巷→（10）矿井主井井口→（11）矿井风井井口→（12）矿井主要回风大巷

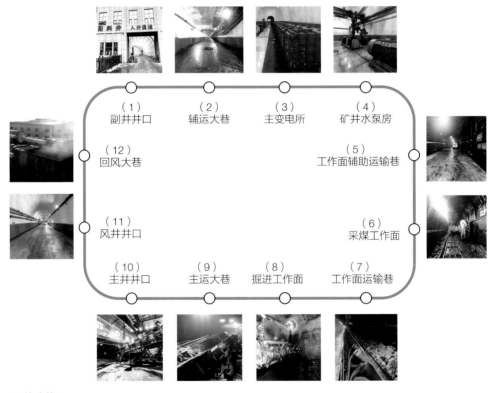

漫游路线

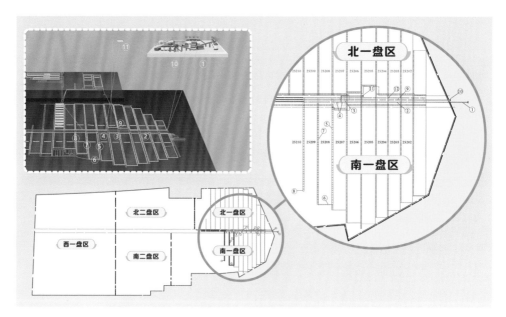

漫游地图

　　下井前先换上矿工工作服，矿工工作服具有防水防油性、防静电性、阻燃性及耐磨性，在胸部、臀部和腿部环绕缝制高亮发光带，可有效粉尘、污水、油渍等对人体的伤害，防止由服装产生静电引起的瓦斯、粉尘爆炸。换好衣服别忘了携带安全帽、防尘口罩、矿灯、自救器、定位卡和手套等下井不可或缺的装备。

下井前的基本装备

下井前必须要接受安检，杜绝工人带病、饮酒和携带违禁品（火柴、打火机等）下井。

下井前安检

📍 第1站
矿井副井井口

矿井副井主要担负人员、设备、材料和矸石等的运输任务，所以下井的第一站就是矿井副井井口。此外，矿井的排水管路、供电线缆主要通过副井通向井下。在副井井口，你会感觉到一股较大的风流涌向井下，这是因为副井是主要的进风井。进入矿井的新鲜风流会根据风量分配需求流向井下各个地点，保证人员呼吸和柴油车等设备的正常运转。副井井筒除了像红柳林煤矿一样为斜井外，还有立井和平硐形式。

副井（斜井）井口

第2站
矿井
辅助运输
大巷

矿井辅助运输大巷主要担负的任务与副井相似，是除煤炭以外的人员、材料、设备和矸石等各种运输的"主干道"，同时也担负通风任务，是副井井筒与工作面辅助运输巷之间的一段巷道，通常是水平的，矿井辅助运输大巷连接并服务于一定区域内（多个采区/盘区、一个水平或整个矿井）多个工作面，服务年限仅次于主井和副井。

辅助运输大巷

第3站
矿井
主变电所

矿井主变电所又称井下中央变电所，是矿井井下供电核心，主要作用是接受引自矿井地面主变电所的电源、变换电压、交换功率及为井下分配电能。变电所内的设备有动力变压器、照明变压器、高低压开关柜、低压馈电开关、检漏继电器及照明灯具等。目前，主变电所已经实现了无人值守，巡检机器人可以代替人工巡检。

主变电所

第4站

矿井水泵房

矿井水泵房是指安装有排水设备以排除井下涌水的井下硐室。水泵房一般与主变电所并列布置，除安装水泵的主硐室以外，还有水仓、吸水井、排水管道等。水仓用于储蓄井下涌水，由两个独立的巷道系统组成，吸水井（吸水巷）用于安装水泵的吸水管和底阀。一个水泵房内至少要有两个吸水井。两个吸水井之间，以及吸水井与水仓之间，均设有隔墙。在隔墙中设分配闸阀，用来控制相互之间的连通或关闭。

水泵房

📍第5站
采煤工作面
辅助运输巷

　　采煤工作面辅助运输巷在采煤工作面一侧，平行于采煤工作面推进方向，直接服务于采煤工作面。采煤工作面辅助运输巷一端与辅助运输大巷相连，另一端与采煤工作面相连，负担着与矿井辅助运输大巷和矿井副井井筒相似的任务，用于采煤工作面内除煤炭以外的人员、材料、设备和矸石等各种运输。

工作面辅助运输巷

第6站
采煤工作面

采煤工作面，也称为采场，是煤矿井下直接大量采取煤炭的场所。目前，我国采煤工作面以综采工作面为主，综采工作面是综合机械化采煤工作面的简称，综采工作面内破煤、装煤、运煤、支护、采空区处理及回采巷道运输等生产工序为全部机械化生产。综采工作面主要设备包含采煤机、液压支架、刮板输送机、转载机、破碎机、可伸缩带式输送机和供电供液系统设备等。目前，我国正在推进建设的智能化采煤工作面，是在综合机械化的基础上融入智能化技术和装备，让采煤工作面智能起来，实现智能自主采煤。

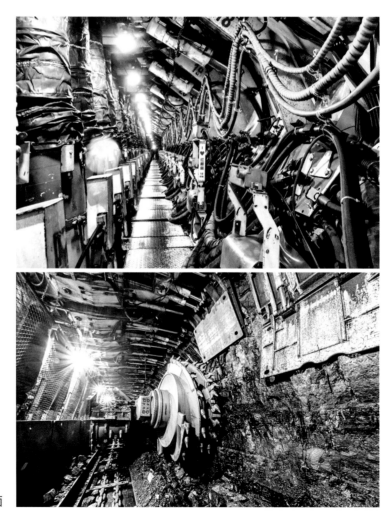

采煤工作面

采煤工作面运输巷与采煤工作面辅助运输巷相似，在采煤工作面一侧，平行于采煤工作面推进方向，直接服务于采煤工作面。采煤工作面运输巷内铺设有可伸缩带式输送机，用于将工作面内开采的煤炭运出。有些矿井将采煤工作面运输巷和采煤工作面辅助运输巷合二为一，一条巷道既运输煤炭，又运输人员、材料、设备和矸石等。

工作面运输巷

工作面能量补给站

第8站 掘进工作面

掘进工作面又称"掘进迎头",担负着"开辟"出为采煤服务的各种巷道的任务,煤矿井下的井筒、巷道、硐室都是靠掘进"先锋队"掘出来的,采煤以掘进为前提,掘进服务于采煤。掘进工作面的主要工作包含"掘""支"和"运","掘"是指掘进落煤,形成自由空间,"支"是指支护,保护掘出的空间安全稳定,"运"是指运输,将掘进落煤及时运出。此外,掘进工作面还需要通风、排水、照明等辅助工作。

掘进工作面

第9站 矿井主要运输大巷

矿井主要运输大巷是井下煤炭运输的"主干道",主要担负煤炭运输和通风任务,是主井井筒与工作面运输巷之间的一段巷道,通常是水平的,矿井主要运输大巷连接并服务于一定区域内(多个采区/盘区、一个水平或整个矿井)多个工作面,矿井主要运输大巷与矿井辅助运输大巷平行布置,服务年限仅次于主井和副井。

运输大巷

第 10 站
矿井主井
井口

矿井主井主要担负煤炭运输任务,井下开采出的煤炭通过主井运输到地面。主井和副井通常是"成双成对"的两个平行的井筒,因此人们也把一座矿井称为"一对"矿井。主井也作辅助进风井,风量和风速比副井要小。

主井井口

第 11 站
矿井风井井口

矿井风井顾名思义就是主要用于通风的井筒，矿井巨大的通风机就安装在风井井口附近。现代矿井主要采用"抽出式"通风方式，就像家中使用的抽油烟机一样，地面新鲜的空气由其他进风井（副井或主井）抽入矿井，矿井里的瓦斯等有害气体随井下空气一起由风井抽出。此外，风井也可用作安全出口，在副井无法通行的情况下，人员可由风井出井。

风井风机

第 12 站
矿井主要回风大巷

矿井主要回风大巷是回风流经过的主要巷道。地面新鲜风流经过采煤工作面、掘进工作面、矿井变电所和水仓水泵房等用风地点后，对用风点的空气进行了"清洗"，风流中瓦斯和粉尘等有害物质浓度增加，变为污浊的乏风。乏风经过的巷道叫回风巷道，为一定区域内（多个采区/盘区、一个水平或整个矿井）多个工作面服务的回风巷道叫回风大巷。

第三章

"掘透"地球

"掘透"地球并非真的指从地球一端向下穿透到另一端，事实上世界最深的钻探孔深度还不及地球直径的千分之一，真的"掘透"是不可能的。之所以称为"掘透"，是因为我国每年煤矿井巷掘进长度超过13000千米，比地球直径还长。掘进是煤矿开疆拓土的"先锋队"，地层探测是"先锋队"的"侦察兵"，"有掘必探，先探后掘"的原则是掘进的地质保障。

本篇介绍侦察"敌情"的地层探测技术、开疆拓土的掘进神兵和稳固"战果"的支护技术。

12742千米

掘透地球图

煤炭深埋于地层之中，在进行煤炭开采之前，首先需要获取煤炭的埋藏深度、赋存状况等地质信息。深埋在地下的煤层信息很难直接获取，一般可以采用钻探、物探（类似于人体"CT"）等技术进行探测。类似于医生在看病时首先需要对病人的病灶进行检查，由于体内器官无法直观地进行检查，现代医学采用"CT"扫描等技术对人体内部器官状态进行"无损检测"。通过地层探测可以及时发现各种潜在信息和危险。

地层探测

钻探——
打钻取芯，
眼见为实

钻探技术是从地面向地层深处进行钻孔作业，通过分析钻取的岩芯情况来获取地层深处的地层信息，原理与大名鼎鼎的盗墓神器"洛阳铲"相似。盗墓贼采用"洛阳铲"获取地下土层的土芯，根据土芯信息判断是否有地下古墓。

钻探技术可以获取"看得见、摸得着"的岩芯，钻孔信息精准可靠，但单个钻孔获取的地层信息仅代表钻孔附近的地层信息，存在较大的局限性。不同钻孔之间通常相距较远，钻孔间的地层赋存情况主要根据附近"抽样检测"钻孔的信息进行推断。通过钻孔信息推断出的赋存状态较为单一，而实际两个钻孔之间的煤层可能有多种赋存形态，钻探技术获取地层信息的局限性给煤炭开采带来很大的不确定性。

洛阳铲取土芯

57

钻探取芯

物探——地层"CT"，无损检测

地球物理勘探，又称物探，是一种运用地球物理学原理和方法进行地质探测和研究的勘探技术。组成地壳的岩石类型、地质构造和地下水在密度、弹性、导电性、磁性、放射性以及导热性等方面存在差异，这些差异形成了特有的物理场，通过物探仪器测试，将所测得的数据加以分析，从而推断出地下地质构造和矿体分布情况。地球物理勘探主要有重力勘探、磁法勘探、电法勘探、地震勘探、放射性勘探以及某些参数的物理测井。这类方法兼有勘探与试验两种功能，和钻探相比，物探具有设备轻便、成本低、效率高、工作空间广等优点。

知识卡

CT

CT（Computed Tomography），即电子计算机断层扫描，它是利用精确的X射线、γ射线、超声波等，与灵敏度极高的探测器一同围绕人体的某一部位作一个接一个的断面扫描，用于对多种疾病进行检查；根据所采用的射线不同可分为X射线CT（X-CT）以及γ射线CT（γ-CT）等。

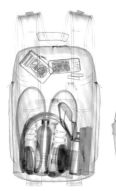
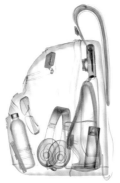

X射线行李扫描

为了克服钻探技术的局限性，工程师们通常利用电磁波、地震波等信号在不同岩层中传播速度的差异，对地层信息进行探测。探测过程与人体"CT"相似，具有探测范围广、成本低和"无损"等显著优点，但也存在探测精准度低等缺点，常用的探测技术有三维地震、槽波地震等。

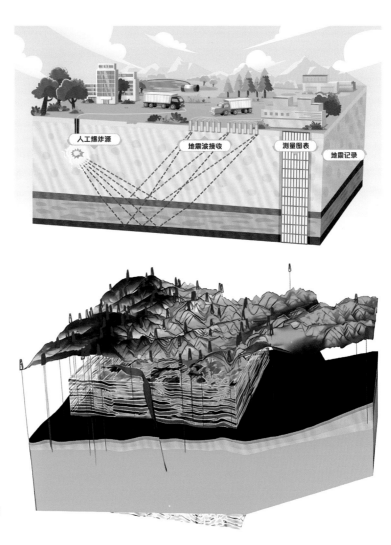

人工爆炸源　　地震波接收　　测量图表　　地震记录

高密度全数字三维
地震探测技术

孔间物探——钻探与物探"双管齐下"

钻探技术具有探测精准度高、直观性强等优点，但存在成本高、有效探测范围小等缺点，而物探技术则具有探测范围广、成本低等优点，但探测的精准度相对较低。因此，工程师将两种方法结合使用，形成了孔间物探技术，即首先采用钻探技术获取局部地层信息，然后在两个钻孔之间采用地震波、电磁波等技术，获取不同钻孔之间的地层信息。

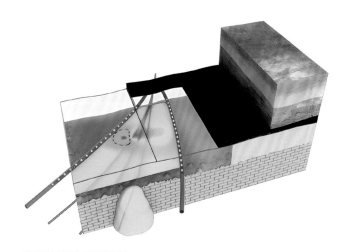

孔间物探技术原理图

煤层寻宝图——构建煤炭开采地图

获取地层的相关探测信息之后，需要将地层信息进行直观展示。类似于在进行城市建设时，首先需要对城市的地形、地貌进行勘探，并绘制形成城市地形、地貌图，在此基础上才能开展城市规划与建设。

根据地层探测信息，绘制地层赋存情况地质勘探图，一般包括地层产状图、煤层底板等高线图、水文地质图等，形成一系列矿井"地图"，并在此基础上对矿井的井巷工程进行设计施工。为了清晰地表达各种地质信息赋存情况，一般每张图纸仅单一绘制一种地质信息。例如，煤层底板等高线图一般仅绘制煤层底板的等高线信息，不绘制水文、瓦斯等相关信息，由此导致需要同

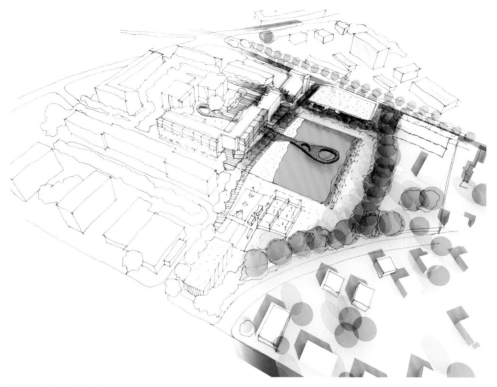

城市规划设计概念图

时看多张图纸才能比较全面地了解矿井地层信息。由于不同图纸之间的信息存在一定的关联关系，在进行修改过程中，需要同时对多张图纸进行修改，给工程技术人员带来诸多不便。

近年来煤矿采用了"一张图"技术，即采用统一的空间数据库对矿井的地质信息、工程信息进行存储、展示。当需要对矿井的地质信息、工程信息进行修改时，只需要修改空间数据库的信息，便实现了对所有基于该数据库的矿图进行统一修改。

另外，基于统一空间数据库实现了矿图的集成展示，以矿井的位置及边界信息为基础，根据工程实际需要，可以选择矿井的相关地质或工程信息，并在一张图中进行集成展示。例如，可以将水文地质信息与井巷工程信息在一张图上进行展示，从而非常直观地了解水文地质情况是否会对井巷工程造成影响。

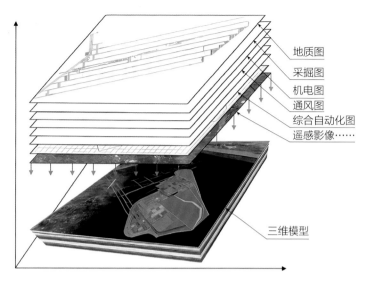

地质图
采掘图
机电图
通风图
综合自动化图
遥感影像……

三维模型

矿井"一张图"技术

"透明"地质——"看透"地层

为了更加直观地对地层信息进行展示，近年来基于综合探测技术与逐级建模技术的"透明地质"技术取得了较大进步。

基于上述钻探技术、物探技术等探测结果，可以构建地层三维地质模型，直观地对地层赋存情况进行三维展示。但由于钻探技术的局限性，以及物探技术精准性较差等问题，采用钻探和物探技术构建出的三维地质模型的精准度难以满足矿井智能化开采要求。

为了提高三维地质模型的精准度，需要在煤层开采、掘进过程中，实时采集实际揭露的地层信息，并基于实际揭露的地层信

🔥 知识卡

地质建模是在地质、测井、地球物理资料和解释结果或者概念模型综合分析的基础上，利用计算机图形技术生成的三维定量模型的过程。

地质模型是一个三维网格体。地质模型的建立可以细分为三步：建立模型框架，建立岩相模型，建立岩石物性模型。

息对空间数据库中的数据和地质模型进行更新，从而提高模型的精准度，构建矿井"透明地质"模型，实现矿井全生命周期建模。

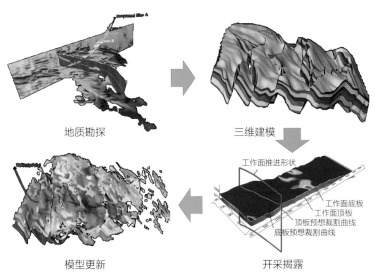

地质勘探　　　　　　　三维建模

工作面推进形状
工作面底板
工作面顶板
顶板预想裁割曲线
底板预想裁割曲线

模型更新　　　　　　　开采揭露

基于综合探测技术与逐级建模技术的"透明地质"模型

掘进神兵
『开疆拓土』的

　　获取矿井的地层信息及构建地质模型之后，需要对矿井的井巷工程进行设计施工，开辟进入煤层的地下通道。

　　开拓掘进的第一步是开凿井筒，根据井筒与水平面的倾角不同，可将井筒分为立井、斜井、平硐三种。立井是指由地面垂直地层进行钻井作业，井筒与水平面垂直的矿井，一般埋深比较深的煤层多采用立井开拓。斜井是指由地面沿一定的倾斜角度向煤层进行钻井作业，井筒与水平面成一定倾角的矿井，一般埋深比较浅的煤层多采用斜井开拓。平硐是指沿水平方向进行钻井作业，井筒与水平面平行的矿井，平硐多应用于地形高差悬殊的地区。

　　不同类型和不同地质条件下的井筒在施工方法、施工设备和施工工艺上不尽相同。井筒开拓施工方法主要分为钻爆法和机械凿岩法两大类。钻爆法是通过钻孔、装药、爆破的方式开挖岩石，随着技术的发展，钻孔作业逐渐由钻车钻孔取代人工钻孔，大幅提高了钻孔效率，且具有施工成本低、对地质条件适应性强等优点。但由于炸药管制等限制，钻爆法在施工过程中具有较大的局限性。机械凿岩法是采用大型机械凿岩设备进行井筒开挖的方法，具有掘进速度快、安全性能好和施工效果好等优点，但前期投入成本较高。

接下来让我们一起了解一下几种高效掘进的"神兵利器"。

掘进神兵1：全断面硬岩掘进机

全断面硬岩掘进机（Full Face Rock Tunnel Boring Machine，TBM）是集机械、电子、液压、激光、控制等技术于一体的高度机械化和自动化的大型成套掘进设备。该"神兵"由液压缸推进破岩刀盘，使破岩刀盘在一定推力作用下贴紧岩石壁面，由电动机或电动机—液压马达来驱动破岩刀盘旋转，通过安装在刀盘上的刀具破碎岩石，可使掘进的隧道或井筒断面一次成形。

根据有无护盾，TBM可分为护盾式和敞开式两种类型。护盾式多用于软岩掘进，敞开式多用于硬岩掘进。敞开式TBM开挖隧道时不需要铺设管片，集破岩、支护、出渣等多项作业于一体，

刚下线的全断面硬岩掘进机

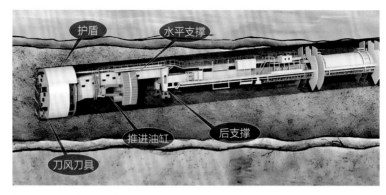

护盾　　水平支撑

推进油缸　　后支撑

刀风刀具

敞开式TBM掘进示意图

采用全断面硬岩掘进机施工建成的隧道

具有自动化程度高、施工速度快、节约人力、安全经济、一次成型等优点，是岩石隧道或井筒掘进最有发展潜力的机械设备，可实现智能化掘进。

　　TBM已有100多年的发展历史，多用于隧道施工。近年来，TBM装备开始应用于煤矿井巷工程的掘进，并取得了良好的应用效果。例如，可可盖煤矿主斜井埋深超过500米，长度5300米，是目前国内外采用敞开式TBM施工的最大埋深、最长距离的煤矿斜井。

　　可可盖煤矿斜井TBM设备机组采用了全断面机械刀盘全封闭作业法，掘进、出渣、输送带全封闭操作，无外露转动部位，消

全断面硬岩掘进机

可可盖煤矿敞开式TBM始发现场

除了片帮冒顶隐患；掘进过程实现地面远程操控，井下作业人员仅需进行部分辅助作业，掘进、支护、出渣等主要工序90%以上实现了机械化，井下作业人员减少了40%，建井效率较传统法提高了3～5倍，创造了月进尺812.6米的世界纪录。

除此之外，TBM设备组还实现了自动导航、自动掘进、自主纠偏等智能化掘进功能，工作人员在地面就可以通过手机、电脑远程实时监控掘进情况和设备状态参数，安全隐患排查处置效率大大提升。

掘进神兵2：全断面竖井硬岩掘进机

全断面竖井掘进机用于垂直于地表的竖井的掘进，设备结构和施工原理与TBM相似，由破岩刀盘、近钻头护盾和支撑靴板等结构组成，依靠前部的破岩刀盘旋转破岩，由吊桶像打水一样将破碎的岩石提升至地表。全断面竖井掘进机可实现井筒掘进和支

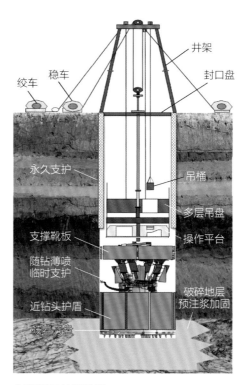

全断面竖井掘进机

护平行作业，为井筒掘进智能化发展打下坚实的基础。

相比于普通钻爆法凿井，全断面竖井掘进机凿井可使井下作业人数减少约70%，克服钻爆法破岩的不可控因素，有效控制超挖和欠挖，同时对围岩扰动影响最小，可充分利用围岩自身支撑能力，从而降低人工支护强度，减少材料消耗，减少环境污染。

在大直径深立井方面，可可盖煤矿组织研发了世界上钻井能力最大、智能化程度最高的全断面竖井掘进机成套装备，施工了国内最大直径8.5米立井井筒，500米大埋深立井"一钻完井"，所有工序全部实现地面操作，全程自动化机械破岩，实现"打井不下井，本质安全型"建井。

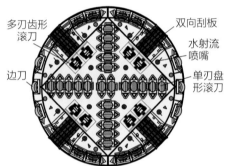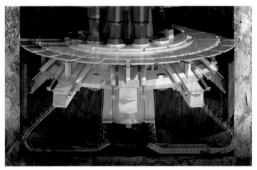

多刃齿形滚刀　　双向刮板　　水射流喷嘴　　边刀　　单刃盘形滚刀

竖井掘进机刀盘及岩渣收排示意

掘进神兵3：反井钻机

根据地下工程建设的需求和施工条件的限制，有时会采用反井钻机由下向上的施工方法掘进竖井或斜井，相对于从地面由上向下的普通凿井方法，这种由下向上的方法称为反向凿井法（简称反井法）。

反井法施工过程：首先采用小孔径钻井设备自上而下开挖一个导向孔，导向孔贯通以后，将小直径的钻头取下，更换上大直径的反井钻机钻头，然后自下而上进行扩孔作业，在作业的过程中，剥离的岩层在重力的作用下自动下落，然后由相关机械运输

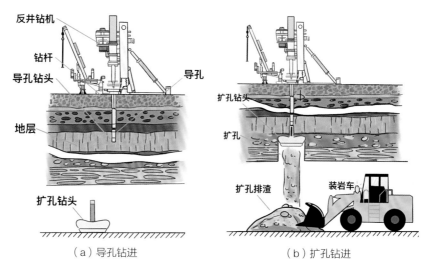

（a）导孔钻进　　　　　　　　　（b）扩孔钻进

反井钻井工艺

设备运出，实现了大体积破岩和无重复破碎的高效钻进。

反井钻机的钻头是钻进过程中的核心装备，钻头上滚刀的组合方式和布置形式对破岩钻进效率有直接的影响。大直径反井钻机钻头滚刀主要有整体结构扩孔钻头和组装式扩孔钻头。扩孔钻进时反井钻机对钻头施加拉力和转矩，在克服钻具的重力和摩擦阻力后，即产生破岩钻压和钻头旋转，滚刀刀齿接触的部分岩石发生破裂并从岩体上分离，并逐渐推进形成反井断面空间。

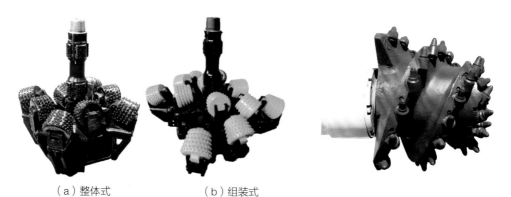

（a）整体式　　　　（b）组装式

反井钻机使用的扩孔钻头　　　　　　　　　　**"炮头"**

掘进神兵4：悬臂式掘进机

目前，煤矿普遍采用的煤巷掘进技术为悬臂式掘进机配单体气动锚杆钻机，这种技术采用悬臂式掘进机（炮头式掘进机）进行煤巷破岩，然后由人工采用单体气动锚杆钻机进行锚杆施工作业，完成巷道掘进与支护。由于这种技术对煤层赋存条件的适应性很强，是目前应用最为广泛、工艺最成熟的煤巷掘进技术。

悬臂式掘进机

悬臂式掘进机可同时实现剥离煤岩、装载运输、自行走及喷雾除尘等功能，它主要由切割机构、装载机构、运输机构、行走机构等组成，集切割、装载、运输、行走于一身。悬臂式掘进机通过多次上下左右连续移动截割头，可实现任何断面形状的隧道或巷道的破岩掘进。悬臂式掘进机按破岩机构切割煤岩的方式不同可分为纵轴式掘进机和横轴式掘进机。

纵轴式掘进机

横轴式掘进机

与全断面掘进机相比，悬臂式掘进机机身小巧、灵活性高，能用于大部分类型巷道的掘进。具有投资少、施工准备时间短和再利用性高等显著特点，但存在掘进与支护不能平行作业、支护工艺复杂、工人劳动强度大等问题。

巷道里的掘进机

掘进神兵5：掘锚一体机

掘锚一体机集截割、装载、运输、行走、锚护、喷雾除尘于一体，能同步完成掘进和支护作业，全宽的截割滚筒可实现全断面一次成巷。具有截割效率高、机身稳定性好、锚护效率高、行走通过能力强等特点。掘锚一体机与快速掘进后配套设备以及控制系统可组成掘支运一体化快速掘进系统，实现煤巷及半煤岩巷快速掘进。

掘锚一体机

由中国煤炭科工集团自主研发制造的煤矿掘支运一体化快速掘进系统被称为"煤海蛟龙"，长度最长超过200米，质量超过230吨。它的出现彻底解决了煤巷掘进、支护、运输不能平行作业的世界级难题，使掘进速度提高了2～3倍，有效缓解了采掘失衡，实现了掘进技术与装备的重大突破，成功打造了稳定围岩条件下每月掘进3000米、中等稳定围岩条件下每月掘进2000米、复杂围岩条件下每月掘进800米三种智能快掘模式。

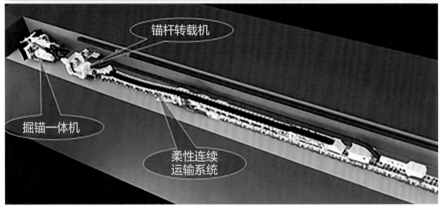

锚杆转载机

掘锚一体机

柔性连续
运输系统

掘支运一体化快速掘进系统

　　"煤海蛟龙"掘支运一体化快速掘进系统包括掘锚一体机、锚杆转载机、连续运输系统、远程集控系统等。可伸缩的巨大滚筒是它的利齿,负责挖掘;前方两个旋转的耙爪好似"巨龙"的舌头,把割下来的煤块源源不断地拨到嘴里;而"龙"的脊椎和顶部、侧面的"龙爪",负责支护;"龙"的身体,负责运输。

　　"煤海蛟龙"通过智能控制,形成了掘进、支护、运输一体化、自动化作业线,开创了人机高效协同智能掘进新模式,填补了国际上该领域的空白,保障了我国煤炭资源的稳定供应。

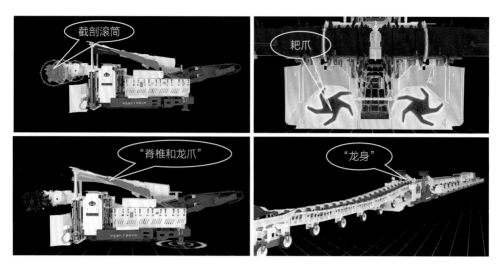

"煤海蛟龙"组成

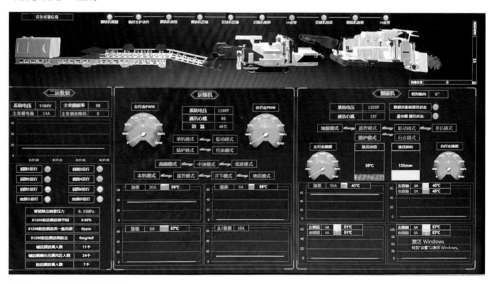

掘进系统智能集控中心

稳定『战果』的支护技术

井筒支护

　　不同类型的井筒、巷道的使用目的和服务年限不同，所以采用的井巷支护技术和装备也存在较大差异。井筒由于服务年限长，对其支护的强度要求高。立井井筒一般采用预制混凝土井壁的方式，即在地面根据井筒尺寸预先制作混凝土井壁，然后采用悬浮下沉安装，安装完成后，为了保证预制混凝土井壁能够与井筒有良好的接触，一般还需要进行壁厚充填。斜井通常采用锚网喷支护方式。

预制混凝土立井井壁支护

可可盖煤矿TBM掘进斜井锚网支护

**锚杆、
锚索支护**

煤层巷道的服务年限相对较短，且受到采煤工作面开采扰动的影响，煤层巷道一般采用锚杆、锚索支护。锚杆、锚索支护属于主动支护方式，通过主动加固围岩提高围岩的承载能力。锚杆、锚索支护一般需要先采用钻机进行钻孔作业，钻孔作业完成后需要将钻杆取出。接着在钻孔内放入药卷并插入锚杆或锚索，然后通过锚

锚杆、锚索、锚网联合支护

杆或锚索的充分搅拌作用使药卷与煤层牢固黏结。最后在锚杆头部安装托盘，并用螺母或锁具进行固定，这样锚杆就能够将支护区域的岩层及煤层锁在一起，从而形成对巷道的有效支护。

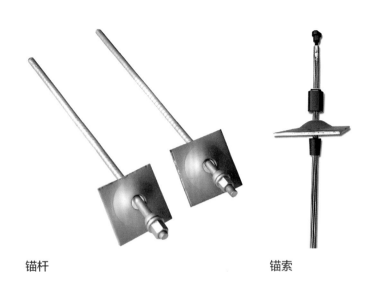

锚杆   锚索

U型钢支护

U型钢支架支护是一种被动支护方式，当巷道围岩发生变形并挤压U型钢支架时，U型钢支架发挥被动抵抗巷道变形的支护功能。U型钢支架抗拉强度和抗压强度较高，同时具有良好的可压缩性和稳定可靠的承载能力，断面利用率高且可多次反复使用，被广泛应用于矿山巷道中，特别是深部复杂巷道以及松软煤层巷道。

U型钢支架

U型钢架棚支护

液压支架
支护

在巷道掘进过程中，还需要进行临时支护，从而为掘进人员、设备提供安全作业空间。巷道内使用的临时支护液压支架，以液压为动力，可以算是一种特殊的大型号的"千斤顶"。这种支护方式可以在巷道掘进过程中对巷道顶板施加较大的主动支护作用力，并且还可以跟随巷道掘进或回采而不断行走，实现了对巷道的强力、高效支护。

小型千斤顶

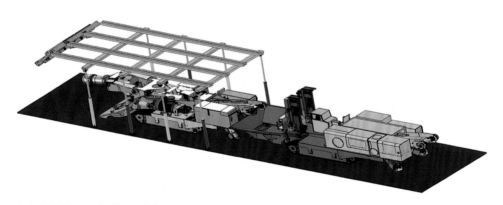

自移式掘进临时支护液压支架

第四章

"无人"采煤

幽暗狭小的巷道，污浊的空气，满脸煤灰的矿工躬身前行，干着繁重的体力活儿，煤矿厂区里到处弥漫着运煤扬起的黑色煤灰和尘土……每当提及煤矿，你心里浮现的是否是这样一幅画面？其实，在科技的助力下，现代化的煤矿开采早已今非昔比，置身现代化煤矿之中，如果不是那一个个显眼的大煤仓，你很难想象自己身处煤矿。"地面不见煤，井下不见人"是当代花园式智能化煤矿的主要特征。

　　所谓"无人"采煤，是指采煤工人不再需要前往几百上千米深的井下进行现场采煤作业，而是在地面远程操控智能采煤设备来进行采煤作业。要实现远程操控，离不开预先构建的煤矿数字孪生模型和传感器实时采集的地下数据。工人通过远程操控采煤工作面智能生产系统，井下的智能开采装备和机器人集群接收到高速网络传输的"命令"，自动执行相关的生产作业工序。采煤工作面那些费时、费力、繁重、危险的岗位已"人去岗空"，转而由智能化装备和智能化机器人集群"集团军"代替。

现代化煤矿

机器人智能开采 地上不见煤、地下不见人

无人采煤

有了"无人"采煤技术的支撑，现代智能化煤矿便呈现出这样一幕场景：几个西装革履的采煤工人在宽敞、明亮、舒适的地面智能调度集控中心，面对着巨大显示屏上各种动态变化的数据和高清视频等监控信息，像飞行员一样操作着集中控制台上各种按钮和控制手柄，远程调度指挥智能开采装备和智能机器人集群，高效地完成过去几十个甚至上百个人的工作，实现"运筹帷幄之中，决胜千里之外"。

本篇带你了解煤炭地下长壁开采的"前世今生"，认识"点煤成金"的地下采煤神器，探秘智能化"法宝"助力下的"无人"采煤，了解种类繁多、协同"作战"的煤矿机器人集群"集团军"。

红柳林煤矿集控中心场景

长壁开采的『前世今生』

人类很早以前就开始利用煤炭了，明朝宋应星所著的《天工开物》一书中就详细记载了古代以人力为主的煤炭开采工艺。当前，煤矿地下开采（井工开采）方法主要分为长壁采煤法和柱式采煤法。长壁采煤法具有开采效率高和资源采出率高的优点，是我国主要采用的采煤方法。

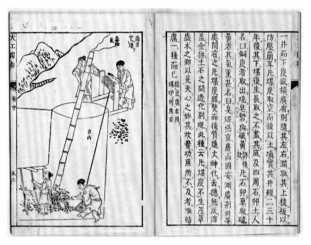

《天工开物》中的采煤

长壁采煤生产作业的主要工序分为"破、装、运、支、处"："破"指把煤从煤壁分离剥落的破煤工序；"装"指把破落下来的煤炭装入采场中的运输工具内的装煤工序；"运"指煤炭运出采场的运输工序；"支"指采场内正常生产需要维护安全的作业空间的支护工序；"处"指对采空区（煤炭采出后被废弃的空间）顶板的处理工序。

根据"破、装、运、支、处"五大工序机械化和智能化水平的不同，我国长壁采煤工艺经历了"炮采""普采""综采"和"智采"四个阶段。在煤矿智能化建设的浪潮下，"智采"工艺已日臻成熟，许多先进智能化工作面已实现了中级"智采"，正迈向高级"智采"。

知识卡

采场与采煤工作面

采煤工作面一般由采落煤炭的煤壁和安全作业的工作空间组成，又称"采场"。
采煤工作空间必须满足破、装、运、支等设备的安置和通风的要求。

井下场景示意图

爆破采煤工艺，简称"炮采"，是包括爆破落煤、人工装煤、机械化运煤、用单体支柱支护工作空间顶板等作业过程的一种开采工艺。由于炮采是在工作面通过人工打眼、装药来爆破煤壁，人工操作金属支柱支护顶板岩层，人工装煤或输送机运煤，生产期间会产生大量煤尘和有害气体，存在采煤速度慢、工人劳动强度大、容易发生安全事故等缺点。《平凡的世界》中描述的孙少平在大牙湾煤矿的采煤场景就是"炮采"工艺的作业场景，炮采工作面（俗称"掌子面"）生产场景不亚于一部惊险的动作片。

普通机械化采煤工艺，简称"普采"，是采用采煤机械同时完成落煤和装煤工序，而运煤、顶板支护与炮采基本相同的一种开采工艺。"普采"采用单/双滚筒采煤机破煤、可弯曲刮板输送机运煤，工作面机械化程度显著提高，但工作面主要采用金属支柱配合铰接顶梁支护顶板岩层。支护效果差，劳动强度大，仍具有较大的危险性。

知识卡

路遥笔下的炮采工艺场景

在掌子面上，每班都有七八个煤茬。斧子工就是茬长，一股两个攉煤工跟一个斧子工。每当一次爆破完成之后，就要赶紧挂茬支棚。这千钧一发的时刻，动作要闪电般快，否则引起冒顶，后果就会不堪设想！这时通常都是班长一声呼喊，人们就从回风巷冲进了掌子面。头上矸石岩土哗哗跌落着，斧子工抱起沉重的钢梁，迅速挂在旧茬上；同时，攉煤工像手术室给主刀大夫递器械的护士，紧张而飞快地把绷顶的荆笆和搪采棍递给师傅，还要腾出手见缝插针刨开煤堆，寻找底板，栽起钢柱，升起柱蕊，扣住梁茬，以便让师傅在最短的时间里把柱子"叭"一斧头锁住……所有这一切都在紧张而无声地进行，气氛的确像抢救垂危病人的手术室——不同的只是他们手中的器械都在一百斤以上！更困难的是，在这密匝匝乱糟糟的梁柱煤堆下面，危险的、暗藏杀机的刮板输送机还在疯狂地转动着。在紧张、快速、沉重的劳动中，人们在低矮的巷道里连腰也直不起来，东躲西避倒腾一百多斤重的钢铁家伙，大都在身体失去平衡的状态下进行；而且稍有不慎，踩在残暴无情的溜子（刮板输送机）上，瞬息间就会被拉扯成一堆肉泥！

综合机械化采煤工艺，简称"综采"，是破煤、装煤、运煤、支护和采空区处理5个主要生产工序全部实现机械化。目前，我国煤矿基本全部实现综合机械化采煤。综合机械化采煤采用双滚筒采煤机或刨煤机破煤、自移式液压支架支护顶板围岩、可弯曲刮板输送机运煤，此外还有转载机、破碎机、供液泵站等设备，可实现工作面全机械化。

智能化采煤工艺，简称"智采"，是在机械化的基础上，利用新一代信息与通信技术、智能控制技术实现采煤工序的自动化、智能化和无人化。目前我国采煤已经进入智能化时代，通过利用多种感知设备，精准建立地质信息，将井下工作面"透明化"，使综采工作面所有设备全部信息模型展示于一张图上，综采工作面智能化采煤系统能够自动分析优化回采方案，并根据相关信息动态调整综采工作面产量，为无人化开采奠定了基础。

普通机械化采煤工艺

综合机械化采煤工艺

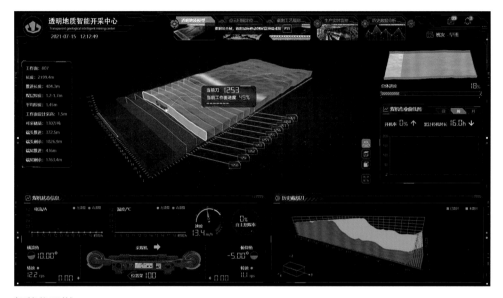

智能化采煤

🔥 知识卡

全息信息模型

　　全息信息又叫多维信息或立体信息，这种信息是通过多渠道、多视角、多侧面收集和编写而成的。全息信息模型，顾名思义，是指包含了系统所有信息的模型。具体体现为系统中的数据不仅有各设备的工作状态信息、数据传递信息、系统交互信息，更包含了影响系统运行的数据，如系统所处的自然、社会环境信息等。

地下采煤神器

长壁采煤工作面的设备主要包含采煤机、液压支架、刮板输送机、转载机、破碎机、带式输送机、泵站、移动变电站等，其中采煤机、液压支架和刮板输送机是综采工作面的核心开采装备，简称综采"三机"。这些综采设备是地下采煤神器，是穿着铠甲的"钢铁战士"。综采工作面设备选型配套是根据煤层赋存条件为工作面开采设备"量体裁衣"的专业化定制服务，"磨刀不误砍柴工"，合理的设备型号、参数以及各设备间的结构和能力的匹配是保证"钢铁战士"们协同高效工作的基础。

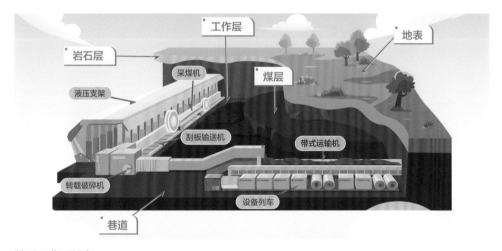

综采工作面设备

采煤机
"点煤成金"

煤炭只有开采出来被利用才能发挥其价值，煤炭生产一线流传着一句话叫"煤机一响，黄金万两"，意思就是采煤机采出的滚滚煤流具有很高的经济价值，这也是为什么煤炭被称为"乌金"的原因。采煤机是将煤从煤体上破落下来（破煤）并装入工作面刮板输送机（装煤）的采煤机械，因此采煤机发挥着"点煤成金"作用。采煤机一般由截割部、牵引部、电控部和辅助装置等部分组成，是一个集机械、电气和液压为一体的大型复杂系统。最常用的采煤机是双滚筒采煤机。

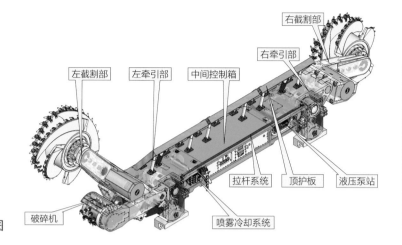

右截割部

右牵引部

左截割部　左牵引部　中间控制箱

拉杆系统　顶护板　液压泵站

破碎机

喷雾冷却系统

采煤机结构图

　　采煤机像只大螃蟹，牵引部是采煤机的"蟹脚"，骑在刮板输送机的轨道上"横行割煤"，往复行走，像削羊肉片一样一层层地将煤体剥落。截割部是采煤机的"蟹钳"，一般是左右两个，主要由截割电机、摇臂和滚筒组成，是破煤和装煤的主要部件。摇臂的上下摆动可以改变滚筒的高度，截割电机驱动滚筒像"风火轮"般旋转，滚筒上的一个个截齿循环冲击煤体，将煤炭从煤体上破碎剥离。剥离的煤炭一部分可直接落入刮板输送机，另一部分被滚筒的旋转叶片铲入刮板输送机。采煤机割煤代替了人力的镐挖和危险的"炮采"，在采煤史上具有划时代的意义。采煤机工作的稳定性和可靠性是保证整个采煤工作顺利进行的最重要

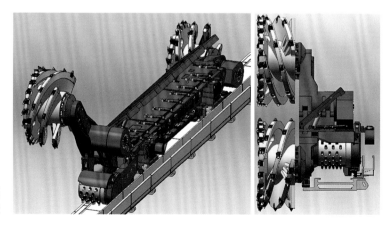

采煤机骑在
刮板输送机上行走

的基础，也是整个采煤过程中最重要的环节。

采煤机设计研发人员针对不同的煤层地质赋存条件，因地制宜，研发出多种多样、各具特色的采煤机。小型薄煤层采煤机可采厚度1.3米以下的薄煤层，大型的大采高采煤机最大可采厚度8～10米的厚煤层，大倾角采煤机可适应倾角大于45°的急倾斜煤层。另外还有为特殊的短壁工作面设计的只有一个滚筒的短壁采煤机。

采煤机实景

薄煤层采煤机

短壁采煤机

大倾角采煤机

厚煤层采煤机

液压支架是"地下钢铁长城"

在地下挖煤安全吗，发生塌方冒顶了怎么办？煤壁坍塌、掉落煤块怎么办？如果没有支护，顶板岩层随时可能发生冒落，煤壁也容易垮塌，不仅影响采煤效率，还威胁工人和设备的安全。液压支架是长壁综采工作面的"钢铁长城"，长壁综采工作面就算"天塌了"（煤炭采出后引起的顶板冒落）也有液压支架顶着，液压支架是综采工作面安全的"保护伞"，起到支撑顶板和隔离采空区的作用，"顶天立地"为矿工和设备安全撑起一片天，让采煤工人把悬着的心放下。

液压支架主要由钢结构组成，以液压系统为驱动力，通过立柱和液压油缸的伸缩执行生产作业动作。综采工作面支护系统一般由100～200台液压支架组成，形成支护群组，构建出200～350米长的"地下钢铁长城"（目前我国综采工作面最大长度为450米），撑起综采工作面上部岩层并维护前部煤壁稳定，形成稳定的作业空间，保护工作人员和采煤机等设备不因顶板塌方、冒落和煤壁破坏、片帮受损，为工作面提供安全可靠的作业空间。

液压支架支护图

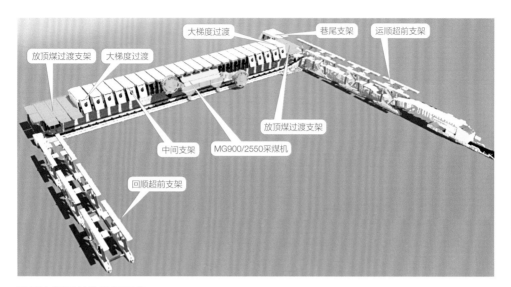

放顶煤过渡支架　大梯度过渡　大梯度过渡　巷尾支架　运顺超前支架　放顶煤过渡支架　中间支架　MG900/2550采煤机　回顺超前支架

液压支架及其他综采设备

根据工作面空间位置和围岩结构不同，对液压支架也可"因地制宜"地采用不同的结构形式，发挥特定的功能和作用。对于一个特定的工作面而言，液压支架可分为中部支架（基本架）、过渡支架、端头支架和超前支架等不同形式。当然，液压支架也具有多种类型，且各具特色，工程中需依据不同的煤层地质赋存特征和开采技术条件"量体裁衣"，进行综合分析和专业设计，保证液压支架自身的可靠性和对开采环境良好的适应性。

目前，我国自主设计、生产和制造的ZY29000/45/100D型液压支架最大结构高度达10米，额定工作阻力为29000千牛，单架质量超120吨，支架的最大结构高度、质量、工作阻力均为世界第一。29000千牛的支撑力可不容小觑，它可以撑得住580头每头5吨重的成年大象。

2021年10米液压支架亮相煤炭机械展览会

2023年曹家滩煤矿10米大采高工作面地面联调图

刮板输送机是"强悍的煤炭搬运工"

刮板输送机除为采煤机行走提供轨道外，主要职责是将工作面内采煤机破落下的煤炭及时运出。刮板输送机是一种特殊的输送机，以刮板链条为牵引，以拖拽滑行方式运输物料。刮板输送机由机头部、中间部、机尾部组成，像液压支架一样，它全身也是由高质量钢铁制成，拥有"千磨万击还坚劲"的品质。

刮板输送机长期在恶劣的环境中连续运输煤炭，饱受煤块、

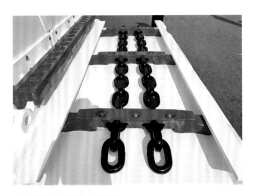
刮板链及刮板中部槽

矸石块的砸压、撞击、卡别、磨损、腐蚀和过负载运行等"攻击",因而它必须足够强悍("皮糙肉厚"),才能抵御各种外界"侵害",保障良好的运转状态。

刮板输送机驱动部(含电动机、减速器、限矩器)驱动链轮转动,链轮带动刮板链在刮板槽中连续循环运转(类似自行车的齿轮驱动链条循环运转)。物料在刮板槽中被牵引的刮板拖着滑行,运行阻力和磨损大,运载量大,因此刮板输送机必须足够"孔武有力"和强悍才能拖动刮板、刮板链和物料运行。

刮板输送机保持连续运转是煤炭生产正常进行的必要条件,所以刮板输送机必须"强悍",既要"皮糙肉厚"抗"击打",又要"孔武有力"运煤炭。刮板输送机研发设计时,就要求各机械结构部件具有足够的强度、刚度、韧性、耐磨性和耐腐蚀性,驱动部要能提供充足的动力。

目前,国内生产和使用的最长的刮板输送机为中国煤科宁夏天地奔牛实业集团有限公司生产制造的用于小保当煤矿450米工作面的超长工作面智能刮板输送机。该刮板输送机输送能力达3000吨/小时,装机功率4800千瓦,链条直径达60毫米,链条的破断力达到4500千牛,能拉起90头5吨的成年大象。

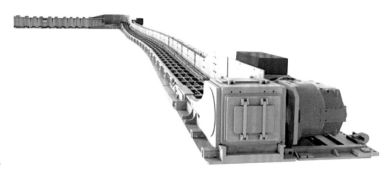
刮板输送机

工作面运输系统设备是煤炭运输的"快递小哥"

工作面运输系统设备主要包括刮板输送机、桥式转载机、破碎机和带式输送机自移机尾。

采煤机滚筒完成落煤和装煤至刮板输送机后，剥离煤体的煤炭便踏上了一环接一环的"快递"运输之旅。刮板输送机是工作面煤流运输的第一位"快递小哥"，它负责将工作面的落煤运出工作面，它具有"皮糙肉厚"的防御能力和"孔武有力"的输送能力，强悍的性能保障了它能在恶劣的外界条件下连续不断地将煤流输出给下一位"快递小哥"桥式转载机。

桥式转载机与刮板输送机相似，均采用刮板链为牵引。桥式转载机布置在工作面巷道内，因而也被称为巷道刮板输送机。

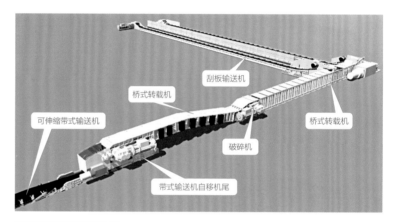

工作面运输系统设备

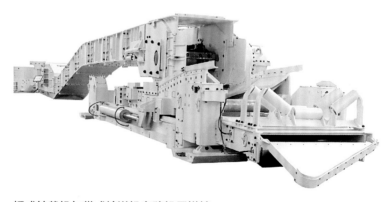

桥式转载机与带式输送机自移机尾搭接

桥式转载机一头与刮板输送机搭接，另一头与可伸缩带式输送机搭接，它的作用是将刮板输送机运出的煤转运至可伸缩带式输送机上。桥式转载机布置在工作面运输巷中，具有水平段、爬坡段和悬拱段，一方面可将煤流抬升以便与可伸缩带式输送机衔接配合，另一方面桥式转载机的悬拱段可与可伸缩带式输送机自移机尾重叠搭接，减少可伸缩带式输送机的伸缩次数。

从刮板输送机运输至桥式转载机的煤块尺寸参差不齐，有时含有许多大块煤和大块矸石，为保证煤炭在带式输送机上连续平稳运输，并防止大块煤和大块矸石损坏刮板输送机，破碎机这时闪亮登场。破碎机通常安装在桥式转载机的爬坡段之前，通过撞击和挤压等方式将大块煤和大块矸石破碎，只有块度大小满足要求的物料才能顺利通过破碎机。

破碎机

带式输送机是长距离"搬运工"

煤炭经过桥式转载机中转后，落至带式输送机的输送带上。带式输送机是一种靠摩擦驱动以连续方式运输物料的机械，主要由机架、输送带、托辊、滚筒、张紧装置、传动装置等组成。与刮板输送机的强悍性能相比，带式输送机则显得较为"温和"，更讲究"细水长流"。带式输送机以输送带为牵引，同时输送带也是物料的承载体，运输途中输送带与物料之间相对静止。刮板输送机的刮板、刮板链和运输的物料均与刮板槽存在相对运动，导致它们与刮板槽之间存在较大的动摩擦，而带式输送机运输的物料与输送带之间为相对静止状态，运转的动摩擦主要在于支撑输送带的托辊轴承的转动，而托辊轴承的转动摩擦的运行阻力较小。因此，带式输送机具有连续运行、运输能力大、运行阻力小、耗电量低等特点，适合长距离大运量运输，运输距离可达几十千米。工作面运输巷内的带式输送机可将煤炭运输至主运大巷的带式输送机，再经主斜井带式输送机一直运输到地面，从而完成煤炭运输的全流程。

　　了解了摩擦的知识后，你就明白了刮板输送机输送物料时，物料、刮板和刮板链与刮板槽之间存在滑动摩擦，带式输送机输送物料时，输送带与物料间相对静止，没有动摩擦，输送带与下方的支撑托辊之间为滚动摩擦，滚动摩擦远小于滑动摩擦。因此，带式输送机运行阻力小，适合远距离运输。

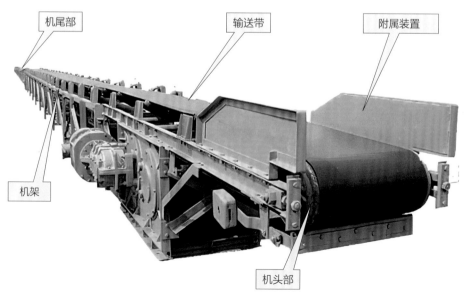

带式输送机

知识卡

静摩擦、滑动摩擦和滚动摩擦

摩擦可分为静摩擦、滑动摩擦和滚动摩擦。

静摩擦是相对静止的物体间的摩擦，比如你用很小的力去推原本不动的物体，物体虽然没有动，但它已经和地面产生了摩擦，物体要克服最大的静摩擦力，才能滑动。静摩擦力的大小不是一个定值，在物体滑动之前，静摩擦力的大小是随着与静摩擦力平行方向的动力的增大而增大的，其大小在零和最大静摩擦力之间，最大静摩擦力=正压力×静摩擦系数。筷子能夹住菜，人能在地面走，靠的都是静摩擦力。

滑动摩擦是物体沿另一物体表面滑动时产生的摩擦。物体受到的滑动摩擦力的方向和它的相对运动方向相反，滑动摩擦力=正压力×滑动摩擦系数，滑动摩擦系数与物体间接触面的粗糙程度有关，接触面越光滑，滑动摩擦系数越小。冰面的滑动摩擦系数就远小于水泥路面，所以人在冰面上可以滑很远，在水泥地面却不行。由于冰面提供的静摩擦力较小，人容易在冰面行走就容易打滑和摔倒。

滚动摩擦是物体在另一物体上滚动时产生的摩擦。它比最大静摩擦和滑动摩擦要小得多，在一般情况下，滚动摩擦只有滑动摩擦阻力的1/60~1/40。所以，在地面滚动物体比推着物体滑动省力。

移动变电站——工作面电力之源

上面介绍的这么多地下采煤神器，你有没有想过，这些神器的动力是什么？没错，就是电力。由于煤炭开采是一个动态过程，随着采煤机将煤壁上的煤不断剥落，工作面设备沿着采煤的方向逐渐推进，工作面所有设备都需要同步移动。为了持续给这些不断移动的采煤设备提供充足的电力，就需要工作面的动力之源——移动变电站了。

高压输电能减少电能的损耗，提高输电效率。工作面移动变电站的作用就是将井下变电所传输的高压电（通常为10千伏）转为低压电（3300伏、1140伏、110伏等），从而为不同电压等级的设备供电。它的工作原理和地面常见的变电站是一致的，但为适应采煤工作面的特殊作业环境，需做好防爆处理，以保证在井下供电的安全性。移动变电站一般距工作面150～300米的设备列车上，随着工作面的回采同步移动。

移动变电站

知识卡

高压输电

在相同输电功率的情况下，电压越高电流就越小，高压输电能减小输电时的电流从而降低因电流产生的热损耗和降低远距离输电的材料成本。

当用高电压把电能输送到用电区后，需要逐次把电压降低，恢复到正常电压。生活中，你有没有见过你家附近的变电站？

液压泵站——工作面液压动力之源

采煤机、刮板输送机、桥式转载机、破碎机、带式输送机等设备以电能为动力，而液压支架是以液压能为动力。液压泵站将电能转为液压能，传递到液压支架的立柱和千斤顶中，使液压支架具有足够的力量来支撑顶板并完成各作业工序。

液压泵站包含乳化液泵站和喷雾泵站，是整个工作面供液系统中的核心设备。乳化液泵为采煤工作面液压支架提供液压动

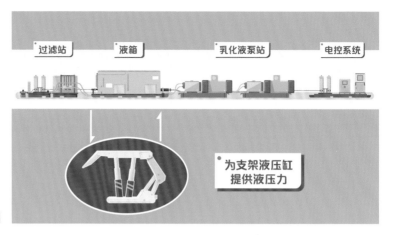

液压泵站示意图

力，是整个综采工作面液压系统的动力源；喷雾泵站主要用于工作面喷雾点的喷雾降尘和设备动力传动系统的冷却等。

乳化液泵站

　　有了液压泵站，还需要对其进行合理控制，才能保证泵站和液压支架正常运行。目前我国综采工作面广泛采用了智能集成供液系统，该系统通过状态监测、泵站电磁卸荷、泵站变频控制、多泵站智能联动、分级供水、反冲洗过滤、分级过滤、乳化液自动配比、智能停机保护等技术，实现供液系统的自动化感知、控制、协同、执行和保障，充分满足液压支架动作和采煤机喷雾降尘的液压动力要求，为高效采煤提供供液保障。

智能无人采煤

近年来，随着以5G、人工智能、物联网、云计算、大数据为代表的新一代信息技术和智能控制技术在煤矿行业的应用，智能化采煤技术取得了显著进展。

2022年3月，全国已有近500个采煤工作面实现了不同水平的以"记忆截割为主，人工干预为辅，无人跟机作业，有人安全巡视"为特征的智能化开采，部分采煤工作面实现了无人开采。

智能化采煤技术将采煤工人的感知、决策和控制作业转为由传感器感知、智能算法决策和设备自动执行，使采煤机器变为机

🔥 知识卡

智能化采煤工作面

智能化采煤工作面是应用物联网、云计算、大数据、人工智能等先进技术，使工作面采煤机、液压支架、输送机（含刮板输送机、转载机、破碎机、可伸缩带式输送机）及电液动力设备等形成具有智能感知、智能决策和自动控制运行功能，实现工作面落煤（截割或放顶煤）、装煤、运煤、支护等作业工况自适应和工序协同控制开采的采煤工作面。

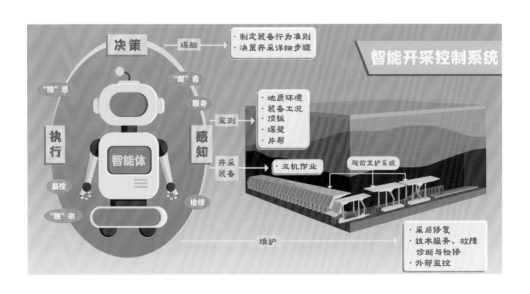

器人，可以在无人干预的情况下自主协同完成采煤工作面的不同生产作业工序。智能化无人采煤的核心技术就在于如何实现采煤工作面各设备的全面感知、自主决策和自动运行，从而代替人的"看、想、做"。

全面感知——"看"

传感器的发明和发展，让机器设备有了"视觉""听觉"和"嗅觉"等感官，让机器渐渐地"活"了起来。采煤工作面智能传感器像人的眼睛、鼻子、耳朵和触觉一样，可感知煤层条件、生产作业环境、设备姿态和运行状态等参数，可监测声、光、速度、位移、压力、温度、振动、流量、浓度等参数和视频画面。

🔵 知识卡

传感器

传感器是一种检测装置，能感受到被测量的信息，并能将感受到的信息，按一定规律变换成为电信号或其他所需形式的信息输出，以满足信息的传输、处理、存储、显示、记录和控制等要求。传感器是实现自动检测和自动控制的首要环节。

常将传感器的功能与人类5大感觉器官相比拟：光敏传感器——视觉，声敏传感器——听觉，气敏传感器——嗅觉，化学传感器——味觉，压敏、温敏、流体传感器——触觉。

在我们的日常生活中，传感器也是随处可见，你都见过哪些传感器呢？

先进的智能化采煤工作面传感器数量可达到几千个，主要包含摄像机、三维激光扫描、惯性导航装置、温度传感器、压力传感器、流量传感器、角度传感器、位移传感器和振动传感器等，可实现对采煤工作面的全面感知。

煤层条件感知

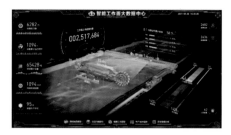

设备运行状态感知

巷道三维激光扫描

工作面三维激光扫描

视频图像监测

先进的传感器具有实时监测、灵敏度高和精度高等优势，对采煤工作面环境和设备的感知能力远超采煤工人的感知能力，且可不知疲倦地24小时实时在岗。因此，传感器的存在可以替代采煤工人实现对作业环境和设备运行状态的全面感知。

自主决策
——"想"

"煤矿大脑"是智能开采的核心，它借助大数据、云计算、AI智能算法和智能控制等智能化"法宝"，可像人脑一样对数据信息进行存储和运算加工，并在"思考"后作出决策。"煤矿大脑"依据真实的现实数据在构建与现实场景一模一样的、由数据驱动的虚拟的数字孪生模型。构建数字孪生模型的数据主要来自人工输入和传感器监测，人工输入可以帮助"煤矿大脑"构建基础模型，传感器实时获取周围环境和设备运行状态等数据，帮助"煤矿大脑"更新数字孪生模型。

高速、稳定的工业互联网是智能采煤工作面的"神经系统"，可实现采煤工作面万物互联。一方面将工作面上千个传感器获取的海量数据及时、有效地传递给"煤矿大脑"，另一方面将"煤矿大脑"分析思考后作出的决策命令快速、精准地传递给工作面智能装备和机器人集群，指挥各个"器官组织"协调工作。

自动运行
——"做"

基于虚实交互和数据驱动，借助采煤工作面数字孪生技术，"煤矿大脑"能满足仿真（以虚映实）、控制（以虚控实）、预测（以虚预实）、优化（以虚优实）等应用服务需求。"煤矿大脑"思考决策后，数字孪生虚实交互智能控制技术可将决策指令传递给智能开采设备和机器人集群，通过智能控制技术实现准确、稳定、可靠地执行，这样就无须人工手动操作了。

然而，目前煤矿智能化无人开采技术尚处于发展阶段，还像个"小学徒"，需要经验丰富的采煤工人"老师傅"的悉心指导。为保障采煤工作面安全高效运行，不因智能化技术异常而影响正常生产，采煤工人"老师傅"的远程干预必不可少。采煤工人"老师傅"们坐在窗明几净的地面集控中心，面对包含各种生产信息的显示屏，关注着井下生产视频画面和各种监测数据。"小学徒"发现异常情况时，会立马"举手请教"，采煤工人"老师傅"会及时处理"小学徒"提出的"问题"，也会发现其他异常问题并及时干预处理，纠正智能设备和控制系统的"小失误"。

🔥 知识卡

集控中心

集控中心即集中控制中心，由中央控制台和监视大屏组成，包含视频系统、语音通信系统、远程监测监控系统，实现对工作面开采的全程可视化操作和监测监控。

集控中心

无人开采特点

现代"无人"采煤是建立在高度发展的科学技术和特殊应用背景之上的，除了无人化这一显著特征外，还具有以下好处。

开采范围广

根据煤层厚度，可将煤层分为薄煤层（煤层厚度1.3米以下）、中厚煤层（煤层厚度1.3～3.5米）、厚煤层（煤层厚度3.5～8米）、特厚煤层（煤层厚度大于8米）。无论煤层厚度多大，都可以操控型号相匹配的综采设备自动完成采煤工作。所以无人开采的工作面很广，几乎没有厚度限制。

安全指数高

无人开采是操作人员在远程集控中心，控制综采设备在工作面作业，并能实时调节井下通风状况，监测瓦斯、一氧化碳、二氧化硫等有害气体的浓度，可及时预防和避免各种事故的出现，而且因为采煤工作面无人，所以从根本上避免了人员伤亡问题。

生产效率高

无人智能化开采系统融合了多种先进的智能化技术，可以更加快速和准确地采集数据、自主决策和执行操作，代替了人工的"看、想、做"，减少了人工开采出现的各种问题，减人的同时提高了开采效率，煤矿生产的质量和产量也大大提高。

我国第一个无人采煤示范矿——黄陵一号煤矿

2014年，黄陵一号煤矿1001工作面率先应用综采智能控制系统（SAM型）开始智能化采煤。1001工作面煤层厚度为1.10～2.75米，平均采高为2.22米，为中厚偏薄煤层，工作面长度为235米、推进长度为2280米。控制系统配套使用液压支架电液控制系统（SAC型）和采煤机自动化控制系统，实现了"无人操作、1人巡视"可视化远程干预型智能化采煤，达到了"工作面运输巷监控中心2人可视化远程干预控制，工作面内1人巡视"常态化运行的效果，月产量达17.03万吨，年生产能力达200万吨以上，生产效率提高了25%，安全生产水平获得较大提升。2015年，全国煤矿自动化开采技术现场会在黄陵矿业公司召开，现场会上展示了黄陵一矿实现"工作面以采煤机记忆割煤自动化控制为主，液压支架以跟机自动化控制为主，工作面设备自动运行，操作人员在远端监控中心视频监视远程干预为辅"的自动化生产模式。

黄陵一号煤矿实现了在集控中心远程采煤，并可实现常态化生产，穿着西装坐在集控中心监控采煤机械设备成为采煤工人的日常工作状态，在条件许可的情况下工作面间歇式连续生产，工作面内可以做到无人操作，必要时，人员进入工作面巡视。

黄陵矿业公司智能化无人工作面

智能无人化开采控制系统

中国煤炭科工集团的北京天玛智控科技股份有限公司（简称天玛智控）自主研发出新一代无人化智能开采控制系统SAM2.0，采用了三维地质建模、自主规划截割、设备位姿检测、工业互联网等技术，构建了以智能开采中心和大数据中心为核心的软硬件系统平台，实现了采场多维感知、实时精准监测、智能自适应决策、多设备协同作业的智能化开采模式，首创的工作面无人巡检、基于多模型对比的开采规划决策及智能控制方法等关键科技成果达到国际领先水平。系统的应用可以有效地减少工作面作业人员数量，提高生产效率，实现综采工作面数字化、智能化的绿色高效开采。

太空舱式地面分控中心

远程可视化

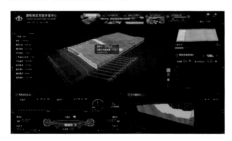

智能开采中心

SAC系统架构

远程开采控制子系统

地面监控监测

工艺规划截割技术

截割工艺模板

智能感知

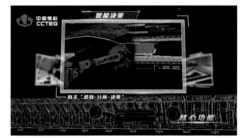

智能决策

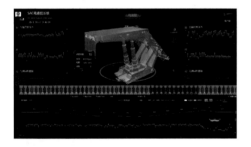

支架电液控制子系统

设备位姿检测技术

设备协同控制

无人巡检

煤矿机器人集群

煤矿开采是人类获取地球宝藏的过程，是人与自然环境"斗争"的过程，难免会有一些繁重甚至危险的工作任务，矿工兄弟们希望有机器人能够代替他们完成那些繁重或危险的工作。带着矿工们的期许，煤矿机器人集群应运而生，从根源上解决煤炭行业的高劳动强度和安全生产问题。

煤矿生产环节多、任务重、工艺复杂，煤矿机器人不是一个人在"战斗"，而是由多种不同功能和作用的机器人组成的机器人集群共同"作战"，煤矿机器人集群犹如战场上多兵种协同作战的"集团军"，既能单独完成某一类作业，也可以协同作战。

煤矿机器人主要由移动平台、多自由度机械臂、智能感知系统（红外热像仪、视频服务器、高清摄像机、音频传感器、激光导航装置、视觉导引装置）、多类型搬运抓手等构成。根据巷道结构、环境、行走路径及作业空间要求，在机器人机构型、运动学和力学分析基础上，进行适应复杂环境的机器人移动平台本体机构设计，能够实现机器人移动平台沿规划路径行走以及在准确作业位置停靠。为实现一机多用且轻质化紧凑设计，机器人末端工具系统采用模块化设计方法，作业时根据需求选择合适的工具端，通过标准的连接接口进行快速更换，提高了机器人对于各种工况适应性。

🔴 知识卡

集群

1890年，英国经济学家阿尔弗雷德·马歇尔（Alfred Marshall）首次提出集群的概念，集群是指一组（若干个）相互独立的个体，利用通信网络或某一关系准则组成的一个较大系统，每个集群节点（即集群中的个体）都可以独立作业。个体之间可以彼此交互，集群以整体形式与外界作用。

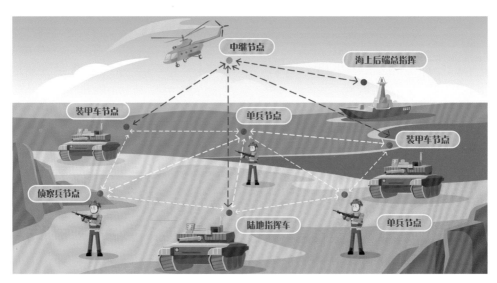

多兵种协同作战

还记得之前了解的智能化煤矿的十大生产系统和漫游的不同生产作业场景吗？在采煤工作面、掘进工作面、主运输巷道、辅助运输巷道、变电所、水泵房等典型生产环节和作业场景中，许多原本由人力作业的岗位已"人去岗空"，由智能化系统和机器人作业替代。机器人集群在煤矿各生产环节中都扮演什么角色，有什么样的本领呢？煤矿井下机器人集群"集团军"主要可分为五大"部队"：

掘进机器人集群　　——"先锋部队"，主要负责开疆拓土的井巷掘进施工作业。

采煤机器人集群　　——"主力部队"，主要负责大规模开采煤炭资源。

巡检机器人集群　　——"侦察部队"，主要负责矿井生产作业环境和危险源监测任务。

辅助作业机器人集群　　——"联勤保障部队"，主要负责运输、搬运、安装等"重体力活儿"。

救援机器人集群　　——"救援部队"，主要参与抢险救援任务。

掘进机器人集群和采煤机器人集群在掘进神器和采煤神器部分已讲述，本部分主要讲述巡检机器人集群、辅助作业机器人集群和救援机器人集群。

巡检机器人集群——煤矿"侦察部队"

巡检机器人是"侦察兵"，时刻监测"敌情"，洞悉全矿，防患于未然。煤矿巡检机器人在煤矿多个生产环节中均有应用。巡检机器人携带有摄像头、烟雾传感器、气体浓度传感器、温度传感器、振动传感器、激光雷达等监测设备，这些监测设备像人体的"视觉、听觉、味觉、嗅觉、触觉"等感官一样感知外界环境。它们代替传统人工巡视，监视重点场所周围环境信息以及关键装备的运行状态，对设备故障进行预警及对潜在风险进行评估。它们像守卫边疆的解放军战士一样，全时空全方位为煤矿安全生产"站岗放哨"、无惧任何危险，是矿工们最忠实的"守护者"，是不知疲倦的"侦察兵"，更是细致入微的"医生"，采用"望、闻、问、切"保护矿井"健康"。下面就来看一下巡检类机器人集群部队吧。

侦察兵

巡检部队"望、闻、问、切"

瓦斯巡检机器人

"瓦斯"是煤矿"五毒"之一，无处不在，又无声无息。在煤矿井下，几百个瓦斯巡检机器人协同作业，24小时坚守在各自的关键岗位上，布下庞大的瓦斯监测网，实时监测现场环境中包括瓦斯和一氧化碳在内的7种有害气体，为瓦斯等有害气体的治理提供实时准确的数据支撑。瓦斯巡检机器人的投用，让瓦检员不用再"跑断腿"了，直接替换瓦检员数十人，每年节约人工成本百万元以上。

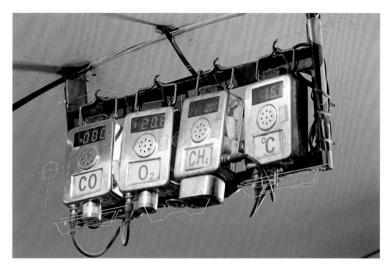

瓦斯巡检机器人

工作面巡检机器人

回采工作面是煤矿地下开采的"主战场",其生产过程的顺利与否将直接影响整个煤矿的生产效率。

工作面巡检机器人是工作面的"侦察兵"和"检查员",身体上安装着视频监控"大眼睛",配备有惯性导航装置,能实现精准定位,携带着温度等传感器来监测温度等参数,搭载的三维激光扫描装置能把采场工作面的全貌精准复现,带你穿越时空去感受实际采场。

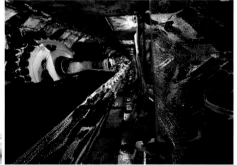

工作面巡检机器人

带式输送机巡检机器人

煤矿井下运输环境复杂多变、运输线路长、运输量不均匀、设备负荷变化大，带式输送机可能发生跑偏、撒料、打滑、磨损、噪声以及存在异物等故障，影响矿井安全高效生产。

对于带式输送机潜在的故障和异常，可以采用悬挂轨道式巡检机器人进行巡检。悬挂轨道式巡检机器人是"吸附"在轨道上的"侦察兵"，携带有摄像头、温度传感器、烟雾传感器等监测设备，实时感知外界环境，通过AI智能识别发现异常情况，并及时把故障原因、位置实时传给监控平台，地面管理人员足不出户就可对现场情况了如指掌，并快速作出响应。

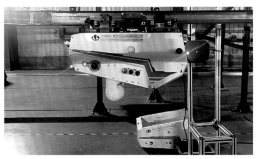

变电所、水泵房巡检机器人

变电所是煤矿运转的"能量站"，为矿井用电设备设施提供电力，水泵房负责煤矿的供排水。煤矿变电所、水泵房等固定场所，安放有许多大型电力输送设备和用电设备，属于矿井关键核心场所，但也属于易燃易爆场所。因此，对这些重要场所的监测必不可少。以往值班人员大多依赖工作经验巡检设备，以保障矿井内电气设备和排水设备的安全可靠运行。现在，除了设备自身具有完善的自我监测功能外，还配备了智能巡检机器人，巡检机器人替代人工检测环境参数，可识别配电柜仪表等各种异常情况，实现了无人值守。

图中可以看到，智能巡检机器人那一双大大的"眼睛"正挨个对变电和供电设备作扫描"体检"。它们不仅能精确知道自己实时在哪，还能聪明地避开障碍物，给电缆测温度，看看仪器设备有

水泵房机器人

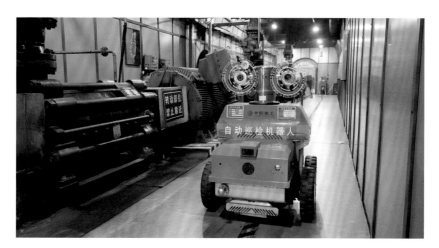

水泵房巡检机器人

变电所巡检机器人

自动巡检机器人

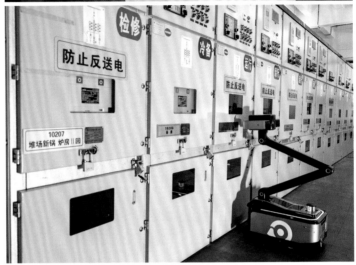
变电所自动巡检机器人

没有"发烧"。干完活以后，还自己能"找吃的"，进行自动充电。

除了监控和预警功能外，有些巡检机器人还根据需要搭载了像人类的手臂一样灵活的机械臂，可在机器人巡检的同时执行开关按动、旋转等动作，实现了巡检与作业等多功能融合。

长距离巷道巡检机器人

煤矿井下长距离巷道长度可达几千米，日常人工巡检工作耗时耗力，具有续航强大、行走稳定特点的长距离巷道巡检机器人集群可代替巡检工人深入巷道，完成巡检任务。

你看它们长长的"脖颈"，可灵活转动的"脑袋"，六个大小一样的轮式"脚"，出场时自带灯光，携带给巷道做"体检"的

"工具箱"，能实时监测甲烷、一氧化碳、硫化氢、二氧化硫、氧化氮、氨气等危险气体浓度，监测和预警火情，解决现有井下瓦检员人身安全易受威胁、故障预警效率低等问题，能够代替巡检工，减轻工作人员的劳动强度、降低劳动风险。

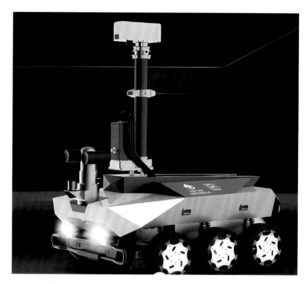

长距离巷道巡检机器人

辅助作业机器人——煤矿"联勤保障部队"

巷道修复机器人

巷道是煤矿井下的"通道"，巷道变形、破损、塌方等问题将极大影响井下正常通勤、运输和生产作业。单靠人工清理费时费力，劳动强度大。因此，如何在巷道受压变形后及时修复，保障矿井"通道"安全畅通是一个棘手的问题，特别是对岩石底板鼓起、侧帮水沟挖掘等特殊修复作业。矿工们对用于巷道修复作业的机械化、智能化工具的研发具有迫切的需求。巷道修复机器人可解决现场施工环境恶劣、人工作业困难问题，机器人能够实现巷道修复路径自主规划，作业目标自主识别与定位、自主行走至修复位置，作业流程自主规划，实现刷帮—起底—破碎—铲装一体化全自主智能巷道清理作业，提升巷道修复工作效率。

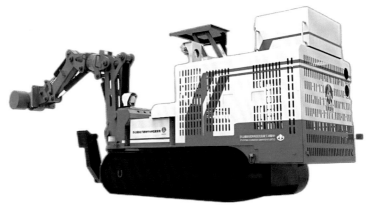

巷道修复机器人

巷道喷浆机器人

巷道喷浆机器人拥有360度全方位巷道激光雷达扫描系统，能对预喷浆区域进行全方位扫描，自动完成巷道的三维实时建模。履带式行走机构底盘，采用液压驱动，能在巷道掘进后不平坦路面自由穿梭，如履平地。全身布满了测距、倾角传感器，时刻调整到最优位置和姿态在巷道中行进。小臂灵活旋转，在喷浆过程中纠正喷嘴位置，能自由调整喷嘴与巷道壁的角度。

巷道喷浆机器人

巷道表面喷浆

巷道表面喷浆一方面可以封闭围岩，减少空气与围岩的接触，防止围岩风化；另一方面可以利用喷浆材料高度的黏结固化性能，将钢筋网、锚杆、围岩紧紧抓牢，凝固在一起共同抵抗围岩的压力。但人工巷道喷浆存在作业环境差、劳动强度大、落石伤人以及粉尘环境损伤人体肺功能等问题，巷道喷浆机器人可有效替代人工完成巷道表面喷浆工作。

管路拆装机器人

　　煤矿井下有供水、排水、压风等管路，单根金属管长且重，现场靠人力拆装需要4~5人协同完成，费时费力，如果配合不到位，易造成管路断裂或裂口，存在施工作业安全隐患。管路拆装机器人可应用于煤矿井下巷道，代替人工实现水管、瓦斯管路等的抓取、举升、安装和拆卸。

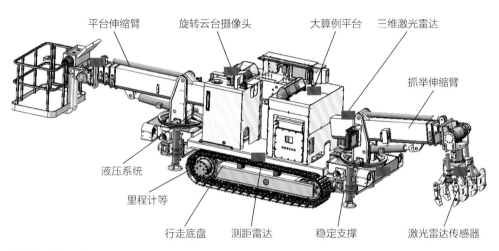

平台伸缩臂　　旋转云台摄像头　　大算例平台　　三维激光雷达

抓举伸缩臂

液压系统

里程计等

行走底盘　　测距雷达　　稳定支撑　　激光雷达传感器

管路拆装机器人

搬运机器人

　　煤矿井下巷道内需要支、锚、护以及铺设管道、轨道等设施、物料的输送和转移，劳动强度大，人工搬运费时费力且存在安全隐患。搬运机器人可辅助作业人员进行物料的转移和搬运。

抓管机器人

抓管机器人

救援机器人集群——煤矿"救援部队"

煤矿发生火灾、水灾、瓦斯爆炸、冲击地压等灾害时，在矿井灾害救援初期对灾害区域地质环境条件未知的情况下，救援类机器人能够代人第一时间进入恶劣未知的灾害现场，探测并回传矿井灾害区域环境信息（甲烷、一氧化碳、氧气浓度，温度、湿度，灾区现场视频及音频信息），并且协助快速、精确地定位被困人员的位置。

煤矿机器人的共同特点是外壳坚硬，能够在瓦斯、煤尘等爆炸环境下生存，防爆性能也是煤矿机器人区别于其他工业机器人最重要的一项特点。

防爆消防灭火侦察机器人

地上跑的救援机器人——"机器狗"

"机器狗"四足救援机器人具有机动、灵活、小巧和适应性强的特点，能在复杂条件下和狭窄空间里行走自如。"机器狗"四条灵活的机械腿，可轻松爬过楼梯、翻越障碍、跨越沟壑，实现"哪里需要去哪里"。它还能搭载高精度的感知模块，从而可以采集图像、监测危险气体信息，将所见所闻都感知并记录下来，供远程连接的监控中心端进行数据分析。

"机器狗"

飞行的巡检机器人

煤矿井下飞行巡检救援机器人具有机动、灵活、快速的特点，旋转的桨叶提供飞行动力，两个"大眼睛"（摄像头）把所到之处的场景清晰地展现给远程工作人员，携带的激光雷达能够保证它时刻知道自己位姿。它能在狭小的空间灵活飞行，能对较远距离的矿井环境进行侦察，感知灾后环境，为救援工作提供第一手资料。它还可以搭载其他合适的传感器、设备和救援物资，是一个十足的救援"小能手"。在日常工作中，它能帮助矿工完成枯燥、繁重的巡检工作。

飞行的巡检机器人

煤矿机器人集群调度指挥系统

煤矿机器人集群调度指挥系统是针对煤矿机器人集群的协同调度指挥与管理平台，是煤矿机器人的"总指挥部"，能够统筹各种机器人"集团军"的力量办大事。在煤矿机器人集群调度指挥系统统一指挥、统一调度下，各机器人"部队"各司其职，各尽其责，使现有的变电所、水泵房、运煤输送带、洗煤厂等场景的机器人更高效地服务煤矿生产。机器人集群调度指挥平台能实时显现煤矿各场景机器人的当前位置、健康状态、协作进展情况，在地面智能调度中心"运筹帷幄之中，决胜千里之外"。

煤矿机器人指挥平台

煤矿机器人集群调度指挥系统主要由位置信息服务、基础数据管理平台、指挥调度平台、运维数据分析、三维模拟仿真等11个子系统构成。该系统以机器人集群信息为基础，以实现机器人群规模化应用为目标，将机器人集群与机器人操控平台及指控中心高效整合，将机器人集群在观察、定位、决策和行动等过程中产生的信息交互关系有效融合，有效发挥机器人群信息集成优势，提高机器人集群指挥调度系统的交互性，提升机器人群的任务执行力度和作业效率，并借助数字孪生系统实现单人多机管理的信息立体化，从而达到机器人群的高效协同和指挥调度。

机器人集群系统协同调度

第五章

露天采煤

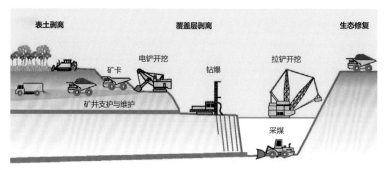

露天开采

露天采煤是我国煤炭生产体系的重要组成部分，为国家能源安全与经济发展提供了重要支撑。露天开采的本质是大规模土石方时空移运，一般包括穿孔、爆破、采装、运输、排弃（卸载）等环节。与井工开采相比，露天开采具有劳动效率高、工作条件好、生产成本低等特点。近年来，我国露天开采的煤炭产量占煤炭总产量的比重逐年增加，并朝着大型化、集约化、智能化和绿色化的方向发展。

由于露天煤矿埋藏浅，只需移走煤层上的覆盖物（土和岩石），煤便敞露于地表，可装运拉走，不需要在地下矿井进行作业。移去覆盖物的过程称为剥离，采出煤炭的过程称为采煤。剥离是一层层进行的，因而露天矿的剥离边坡看上去像"梯田"。本篇将带你了解露天开采的"剥采比""大矿坑""巨无霸"和"无人化"。

露天开采边坡
与梯田

露天开采剥采比

不是所有的煤层都适合采用露天开采，评价煤层是否适合露天开采的一个重要指标是剥采比。剥采比是在露天开采过程中剥离的覆盖物量与采出的煤量之比，影响剥采比大小的最主要因素是覆盖物的厚度和煤层的厚度。

$$剥采比 = \frac{剥离覆盖物量}{采出煤量}$$

露天开采及不同
剥采比示意图

为了更好地理解剥采比，我们可以拿挖土豆举例：挖2铲土，得10个土豆，1铲5个土豆，剥采比是0.2（铲/个）；挖10铲土，得到2个土豆，5铲1个土豆，剥采比就是5（铲/个）。如果土豆埋得特别深，挖100铲才能得到1个土豆，剥采比是100（铲/个），那我们还要继续挖吗？因此，我们付出同样的劳动，剥采比越小，收获越多，即剥采比越小越有利。

挖土豆

煤炭资源的赋存条件直接影响剥采比，而剥采比又直接影响露天开采的经济性和合理性。2021年，全世界年产煤炭约81亿吨，其中露天开采占比超过六成，部分国家甚至高达90%。美国、澳大利亚、德国等国家的煤矿开采以露天开采为主，我国大部分煤层埋深较大、剥采比大，适合露天开采的剥采比小的煤层很少，90%以上的矿井是井工矿。

2000年以来，我国露天煤矿得到了快速发展，截至2021年，全国有露天矿区40余个、露天矿400余座、大型特大型露天矿20余座，主要分布在内蒙古、山西、青海、宁夏、新疆等地，露天开采煤炭产量占全国煤炭总产量的比重由2005年的6.3%左右提高到2021年的16.8%左右。

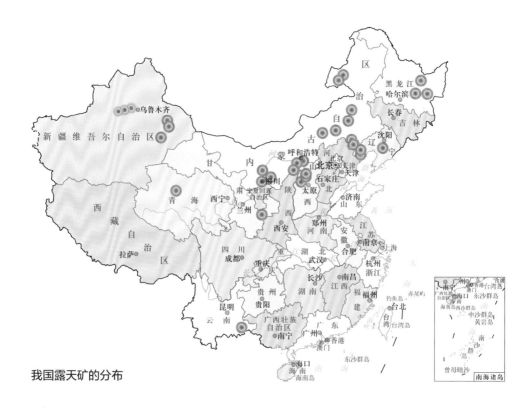

我国露天矿的分布

露天开采大矿坑

露天煤矿俗称露天矿坑，去过露天煤矿的人应该都会被那个"庞然大坑"震撼到。站在矿坑上沿向坑下望，只见苍茫的烟云之中，一层层台阶向坑底延伸，蜿蜒曲折，似梯田般宏大绵延，一眼望不到底。

露天煤矿由采掘场、排土场、地面生产系统、工业场地4部分组成，从露天煤矿鸟瞰图中便可一窥究竟。采掘场就是大矿坑，是剥离覆盖物后采出煤炭的地方；排土场是剥离出的覆盖物堆放的地方；露天煤矿的地面生产系统和工业场地与井工煤矿相似，分别是煤炭加工、储装的车间和用于辅助生产的厂房和办公楼等。

露天开采大矿坑

露天煤矿鸟瞰图

露天煤矿生产环节与开采工艺

露天煤矿生产环节

露天煤矿生产是一项复杂的系统工程，生产工艺复杂、生产工序多、设备规格大、类型繁多。

简而言之，露天采煤生产环节总共分三步：①矿岩准备；②采装和运输；③排卸。

矿岩准备是露天矿山开采的首要环节，主要包括穿孔和爆破工序。顾名思义就是在露天采场矿岩里钻凿一定直径和深度的爆破孔，然后把炸药装进去，通过炸药爆炸瞬间释放的巨大能量和

第一步：矿岩准备 对覆盖物和煤进行松动和破碎。

穿孔　装药　爆破

第二步：装运
用采掘设备将覆盖物和煤运出。

单斗挖掘机　吊斗铲　轮斗挖掘机

卡车间断运输　带式输送机连续运输

第三步：排卸 将覆盖物排放于排土场，将煤炭卸在地面生产系统的卸煤点。

自卸卡车排土　排土机排土

露天煤矿生产环节与开采工艺

穿孔与爆破

产生的冲击，对矿岩进行破碎和松动。

　　采装和运输是露天矿山开采的核心环节。采装是利用挖掘设备将矿岩从整体或者爆堆中采出并装入运输设备或者直接卸载到指定地点的过程；运输主要是指将采出来的煤送到破碎站、储矿场等地方，把剥离出来的岩土送到排土场的过程。

　　排卸是运输终端的作业环节。一方面，剥离的表土和岩石将按照一定程序有计划地被排弃到规定的土石场内；另一方面，采出的煤炭将被排卸到储煤场或选煤厂。

装载与运输

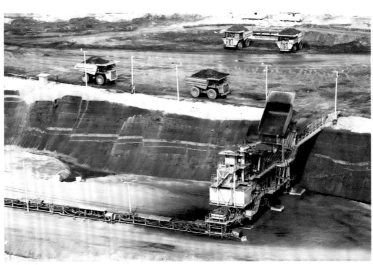

矿用卡车排卸

露天开采工艺系统

露天煤矿开采工艺系统是不同生产作业环节的不同生产设备的有序组合，按照生产作业的连续性一般可分为间断、连续、半连续及无运输倒堆开采工艺系统。我国的露天煤矿基本都采用两种或两种以上开采工艺相结合的综合开采工艺。

间断开采工艺系统是指在采装、运输及排卸三大主要生产环节中，物料的输送都是间断的。其中，最为典型和常见的是单斗—卡车间断开采工艺。

单斗—卡车间断开采工艺

连续开采工艺系统是指在采装、运输及排卸三大主要生产环节中，物料的输送都是连续的。其中，最为典型和常见的是轮斗挖掘机—带式输送机—排土机连续开采工艺。

半连续开采工艺系统是指在采装、运输及排卸三大主要生产环节中，物料的输送是部分间断、部分连续的。其中，最为典型和常见的有单斗—自移式破碎机+转载机—带式输送机半连续开采工艺和单斗—工作面卡车+半移动破碎站—带式输送机半连续开采工艺两种。

无运输倒堆开采工艺系统是指用挖掘设备铲挖剥离物并直接堆放于旁侧的采空区，从而揭露出煤层的开采工艺，是一种合并式开采工艺。其中，最为典型和常见的是吊斗铲倒堆开采工艺。

轮斗挖掘机+
带式输送机

吊斗铲倒堆
开采工艺

综合开采工艺是同一采掘场内有间断、连续、半连续、倒堆工艺系统中任意两个（或以上）单一开采工艺系统的组合。适用于采掘场平面尺寸大或开采深度大、生产规模大的露天矿。

露天煤矿产量大

露天采煤产量大，例如位于内蒙古呼伦贝尔市的伊敏露天煤矿，年产量可以达3500万吨。3500万吨煤是多少？如果给全中国14亿人分，平均每人可分得25千克。

3500万吨=14亿×25千克

露天煤矿储量大

露天煤矿储量大，例如位于山西平朔的安太堡露天煤矿，煤层厚度达30米，储量126亿吨，开采200年没问题。126亿吨是多少？如果一节列车长8米，载重70吨，要将126亿吨煤炭全装在列车上，列车总长度将是地球与月球距离的3.75倍。

露天煤矿储量大

露天煤矿
贡献大

　　露天煤矿贡献大，例如1960年版的五元人民币上，背面的图案便是露天煤矿的电铲。将一个行业的工作场面设计到人民币图案上，这在新中国钱币史上少有的，充分表明了煤炭行业对我国经济发展作出的巨大贡献。

1960年版的五元人民币背面图案

露天开采巨无霸

随着现代科技和装备水平的不断进步，露天煤矿开采装备逐渐向大型化、系列化、智能化方向发展，咱们来看看几个露天煤矿开采的"巨无霸"装备。

巨无霸1：轮斗式挖掘机

巴格尔293轮斗式挖掘机是目前全球最大的挖掘机，由德国研究制造，其挖掘能力达26万立方米/天，半天就能挖平一座山。挖掘机总长240米、宽49米，占地面积相当于3个足球场总面积，总高95米，相当于30层楼那么高，总重量1.5万吨（约1万辆小汽车的重量），巨大的普通工程车在它面前就显得非常渺小了，每个挖斗每次能挖出近15立方米的物料。

轮斗式挖掘机

乐高公司出品过一套轮斗式挖掘机拼装玩具，整套拼装模型包含3万多个零件，有位网友买了一套，用了近1年时间才拼装完成，可见其庞大与复杂。

轮斗式挖掘机乐高玩具

巨无霸2：
液压挖掘机

中国徐工集团研发的XE7000E型液压挖掘机长23.5米、宽9.1米、高9.4米，重约700吨，约为500辆轿车的重量，斗宽5米，斗容量34立方米，1铲斗能挖近50吨煤，性能十分强大。

XE7000E型液压挖掘机

巨无霸3：大型矿用自卸卡车

中国徐工集团研制的XDE440型矿用自卸车，是目前全球最大吨位的交流电动自卸车。该车长16米，轮胎直径4米，自重260吨，载重400吨，一个轮胎重量就有5.3吨。车辆发动机的最大功率达到3700多马力（1马力≈735瓦），一次能拉10辆坦克，它的油箱容量是普通小汽车的100倍。这种车是"马路杀手"，若是开上公路，公路会被直接压坏，所以它仅在矿场活动，很难在路上见到。

美国罗切斯特煤矿使用的CAT797矿用卡车

徐工XDE440矿用卡车

巨无霸4：
吊斗铲

吊斗铲又名拉铲，集采装、运输与排弃作业于一体，是全球众多露天采矿作业中采用的巨型挖掘工具，也是当今建造的最大单斗挖掘设备。

吊斗铲是一种相当古老的挖掘机类型，最早出现在蒸汽时代，在钢丝绳挖掘机被发明出不久后就出现了。它的特点是动臂较长，没有斗杆，靠提升钢索和回拉钢索控制铲斗的位置和倾角，铲斗靠重力切土，适合于挖掘停机面以下相对较软的物料。世界上最大的拉铲，一铲子下去可挖土300吨，设备有22层楼那么高。吊斗铲平均运转寿命为40年，可24小时连续工作，具有生产效率高、人员配置少、安全系数高、生产成本低的特点。

吊斗铲

黑岱沟露天煤矿吊斗铲

吊斗铲铲斗

最早的挖掘机

　　1835年，美国费城的铁路工程承包商威廉·奥蒂斯发明了最早的挖掘机——蒸汽铲，但因为该蒸汽铲不能自主移动，需要安装在铁轨上采用人力或畜力驱动，所以人们又称它为铁路铲。

蒸汽铲

　　位于准格尔煤田的准能黑岱沟露天煤矿使用的吊斗铲是亚洲最大的吊斗铲，"体重"5300吨，"身高"71米，"臂长"110米，铲斗容量为90立方米，一斗可铲180吨岩土，理论年剥离量可达3000万立方米以上，行走方式为迈步式（类似拄着双拐行走）。这个庞然大物虽然干活效率高，但硕大的身躯导致其行走缓慢、步伐沉重，速度仅为210米/小时，每分钟大概只能行走3.5米。

　　看了上面的介绍，你有没有似曾相识的感觉？有没有在哪见过？在大型科幻电影里经常会出现这些采矿"巨无霸"，科幻电影的场景灵感有时也是"源于现实，又超越现实"的，矿物资源和能源永远是人类生活所必需的。

《流浪地球》电影场景画面

露天开采无人化

　　露天煤矿采场大多地处偏远地区，工作环境恶劣，例如冬季极寒的呼伦贝尔草原那凛冽的寒风使宝日希勒露天煤矿户外的工作异常艰苦。鉴于露天煤矿存在工人工作环境差、劳动强度大、招工用人难等问题，开展露天煤矿智能化建设势在必行。

　　为了实现露天开采的智能化和无人化，科研人员和工程人员长期奋战在实验室和生产一线，以5G专网为基础，将物联网、大数据、人工智能、数字孪生等新一代信息通信技术与传统的露天开采工艺融合，构建基于数据驱动的一体化智能综合管控平台、矿用卡车无人驾驶编组、挖掘机远程操控、带式输送机无人值守等智能化系统。借助现代科技的力量来降低劳动强度、提升安全水平、缩减用人规模、提升工作效率，从而实现露天煤矿少人化、无人化生产作业。

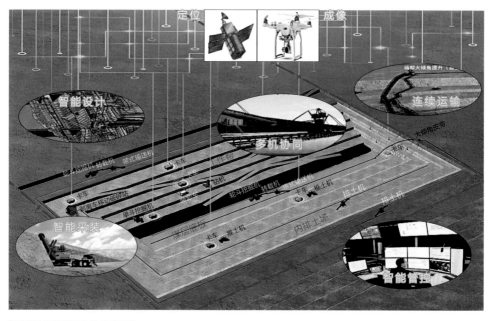

智能化露天煤矿生产场景

自主决策、协调运行的开采设备

**"坑下无人，
地面少人，
自主运行"**

露天煤矿坑下的"巨无霸"和其他智能设备以及机器人接收智能集中控制系统的命令，可自主决策和协同运行，不知疲倦地工作。地面办公楼里的工作人员只需通过远程实时视频画面监管生产过程，以及巡查智能设备和采矿机器人是否"健康"工作。

准能哈尔乌素露天煤矿调度中心及智能综合管控平台

一体化智能综合管控平台——数字孪生，运筹帷幄

数字化、一体化的煤矿数字孪生模型可覆盖矿山工程全生命周期、全业务环节、全生产要素，实现开采环境数字化、生产设计智能化，将矿山工程各要素映射到虚拟世界，形成露天煤矿数字孪生体，实现虚实之间实时连接、动态交互。

一体化智能综合管控平台是露天煤矿智能化系统的"总指挥部"，是一个多学科、多领域、多技术相融合的复杂的系统平台，包含了云端智能调度与管理系统、无人矿用卡车编组作业智能调度系统、多设备协同作业管理系统、高精度地图采集与三维显示系统和网络通信系统等。通过一体化智能综合管控平台实现"运筹帷幄之中，决胜千里之外"。

在一体化智能综合管控平台"总指挥部"的指挥下，"装煤部队""运输部队"和"辅助作业部队"可实现"装—运—卸"流程协同作业，即无人驾驶矿用卡车与电铲、推土机、辅助作业车辆等混编协同作业，促进露天煤矿智能化安全高效生产。

露天煤矿智能运输系统

露天煤矿开采的本质是大量物料的移运作业，运输环节在露天矿各工艺环节中起"动脉"和"纽带"作用。在露天矿开采过程中运输成本和劳动量分别占矿石总成本和总劳动量的一半以上。

目前露天煤矿主要运输方式为带式输送机运输和矿用卡车运输，我国约95%的露天煤矿采用矿用卡车运输。一辆辆"巨无霸"矿用卡车井然有序地穿梭于露天矿巨大的矿坑中，滚滚"乌金"破土而出，成为国家能源安全的压舱石，保障国家能源供应，守护万家温暖。

矿用卡车无人驾驶系统主要包括感知（"看"）、决策（"想"）、执行（"做"）三大核心环节。

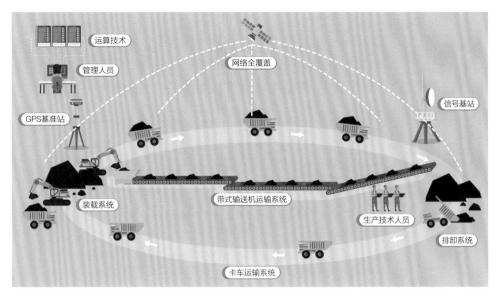

运算技术

管理人员

网络全覆盖

信号基站

GPS基准站

装载系统

带式输送机运输系统

生产技术人员

排卸系统

卡车运输系统

露天矿运输系统构成

无人矿用卡车的"看"——全面感知

　　一方面，像现代士兵作战时携带枪支、头盔、防弹背心、红外望远镜和现代通信设备等多种装备一样，无人矿用卡车被现代科技"全副武装"，携带着多种感知传感器等设备，如激光雷达、毫米波雷达、超声波雷达、高清视觉摄像头、防碰撞系统等。这些传感器使无人矿用卡车可以感知周围环境，实现无人矿用卡车的实时感知、精准定位和稳定通信等功能，可谓是"眼观六路、耳听八方"。

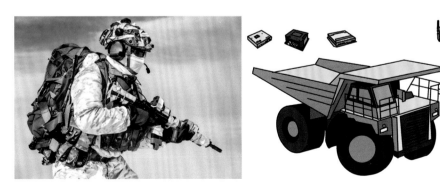

全副武装的士兵和无人矿用卡车

（a）激光雷达

（b）毫米波雷达

（c）超声波雷达

（d）高清摄像头

车载传感器

无人机航拍

　　另一方面，利用卫星定位系统（GPS、北斗等）、无人机巡航及地面通信系统等设备与技术实现空天地一体化全面感知，为露天煤矿提供"天眼"，矿坑里的"风吹草动"尽收眼底、一览无余。空天地一体化全面感知助力露天煤矿精准定位与通信交互，为露天煤矿智能化建设奠定良好的信息基础。

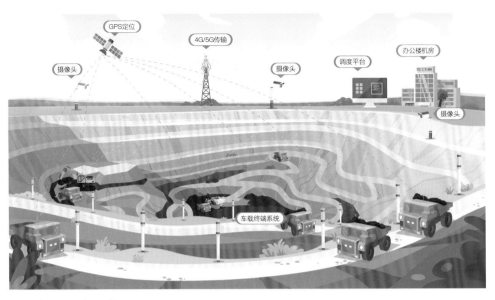

空天地一体化全面感知

无人矿用卡车的"想"——矿卡调度系统智能决策

智能无人矿用卡车调度系统是露天煤矿一体化智能综合管控平台的一个重要系统。智能无人矿用卡车调度系统通过道路信息采集系统、车辆精准定位系统、行驶环境全面感知系统、人工智能算法和大数据等智能化"法宝"，对露天煤矿车辆进行智能优化调度，计算出最优路径和行驶速度，消除多矿用卡车间的冲突并保持安全车距，使无人矿用卡车运输系统像火车运输一样一路畅通。

像特种兵编组协同作战一样，无人矿用卡车在一体化智能综合管控平台指挥下编组协同运行。除了无人矿用卡车"运输部队"自编组运行外，"运输部队"还要与"装煤部队""辅助作业部队"等协同工作，即矿用卡车与其他设备协同作业。

特种兵编组协同作战

无人矿用卡车编组协同运行

无人矿用卡车的"做—装—运—卸"协同作业

无人矿用卡车的"做"包含两个方面：一方面是执行"总指挥部"下达的命令，按照规划的路径、速度和时间行驶；另一方面无人矿用卡车有一定的自主权和主观能动性，能够独立完成自动驾驶、自主避障、协同装载和卸载等任务。

无人矿用卡车的"装—运—卸"协同作业过程如下：

"装"：无人矿用卡车与远程控制的挖掘设备进行车—铲协同装载作业，完成物料装载。

"运"：无人矿用卡车按照一体化智能管控平台云端规划的全局路径自主运行，在行驶过程中实时进行障碍物检测，当检测到障碍物时，将自动规划局部最优路径进行安全避障行驶。

"卸"：无人矿用卡车抵达卸载地点后，在全面感知系统的指引下，自主翻卸运输物料至指定位置，完成卸载并继续下一个循环作业。

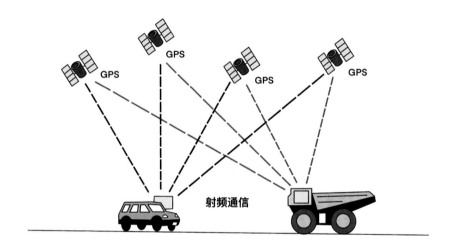

卡车防撞预警系统及卡车无人驾驶作业场景

挖掘设备远程控制系统

挖掘设备远程遥控系统基于高带宽、低延时的双5G网络通信技术、高清视频实时处理技术和远程智能控制技术等智能化"法宝"，使操作人员远离噪音、粉尘等恶劣的作业环境，坐在宽敞、明亮、舒适的远程控制中心操作挖掘设备完成工作。

像玩一款"沉浸式"大型高清三维挖矿游戏一样，操作人员坐在远程驾驶舱中，身临其境般全方位、多角度、实时观察现场作业场景视频画面，精准、可靠地操作挖掘设备完成生产作业，显著提升生产作业的安全性和操作人员的幸福指数。

遥控挖掘机玩具

远程遥控

双5G网络技术（5G+F5G）

　　"信号不好"（网络的滞后、阻滞及传输时延）将造成数据传输的不连续、不稳定和不及时，日常生活中会出现打电话断断续续听不清，看视频或玩游戏时画面卡顿、无信号。智能化露天煤矿生产过程中如果出现"信号不好"，将直接影响正常的生产作业，甚至导致事故的发生。

　　双5G网络高速通信系统是露天煤矿智能化建设的保障，由5G网络和F5G网络组成，具有"稳、准、快"的特点，可实现露天煤矿即时高效数据传输，是数字孪生技术的基础，是构建一体化智能管控平台的关键。双5G网络的"高带宽"保证了大量高清视频的高速传输，使现场作业高清视频画面高保真、不卡顿。双5G网络的"低延时"保证了远程控制和操作指令信号的实时性和准确性。

知识卡

F5G

　　F5G即第五代固定网络技术，与5G一样都是国际标准组织提出的新一代通信标准。5G与F5G互为补充、相互依赖，在不同的业务场景发挥着不可替代的作用。

第六章
煤矿管理与智能化

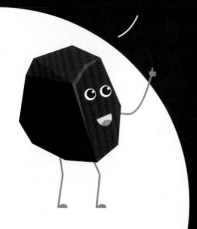

由于智能化煤矿与传统煤矿的运行管理方式存在较大差异，智能化煤矿的组织架构将发生很大变化，那么不同层级该如何进行管理呢？

针对不同层级的职责与管理权限，一般可以分为集团公司、矿业公司和煤矿三个层级。为了实现不同层级的智能化综合管控，分别设置集团公司煤炭板块监管平台、矿业公司智能化生产经营管理平台和煤矿智能化综合管控平台，通过这三个系统平台为集团公司、矿业公司和煤矿提供数据服务与协同管理。

集团公司煤炭板块监管平台

集团公司煤炭板块监管平台主要是实现对公司煤炭板块生产运行数据、安全数据与经营管理数据进行综合分析，并主动推送安全生产及应急信息，使集团公司能够从宏观层面掌握公司总体生产经营与安全形势，量化评定各二级矿业公司安全生产管理水平，及时发现并解决安全生产管理中存在的问题，辅助集团公司进行总体决策部署，有效提升公司整体的安全生产与经营管理水平。

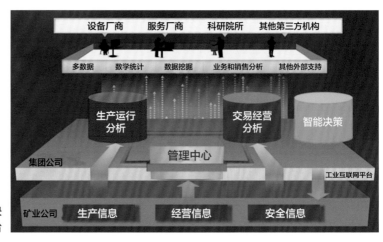

集团公司煤炭板块
监管平台

矿业公司智能化生产经营管理平台

矿业公司智能化生产经营管理平台的建设重点是生产与经营管理，并围绕矿业公司下属煤矿的生产情况，对各矿井的生产、安全、经营等数据进行统计与分析。在外部资源的支持下，对各种指标参数进行优化，不断提升矿业公司的运行质量，辅助矿业公司管理者作出科学决策。

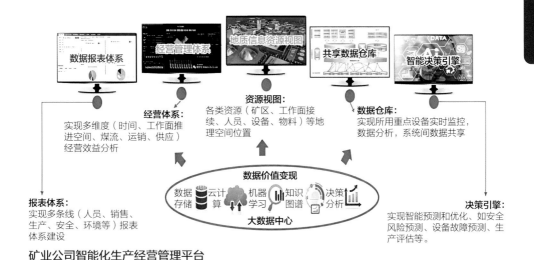

矿业公司智能化生产经营管理平台

煤矿智能化综合管控平台

煤矿智能化综合管控平台是以煤炭安全生产为核心，将煤矿生产各业务系统进行融合，实现对煤矿地质勘探、巷道掘进、煤炭开采、主辅运输、通风排水、供液供电、安全防控等进行智能化集中管控，提高煤矿智能化开采效率与效益。

智能化综合管控平台是智能化煤矿的核心，基于微服务架构和"资源化、场景化、平台化"思想，围绕监测实时化、控制自动化、管理信息化、业务流转自动化、知识模型化、决策智能化的目标进行相应业务应用设计，开发用于煤炭生产、智慧生活、矿区生态的智能化煤矿生产系统、安监系统、智能保障系统、智能决策分析系统、智能经营管理系统、智慧园区等场景化服务。

智能化综合管控平台基于矿井大数据分析能力，对井上下海量数据进行分析和变现，构建煤矿大数据仓库；基于微服务架构和人工智能算法构建智能数据引擎，实现业务逻辑快速组态化构建和智能决策。

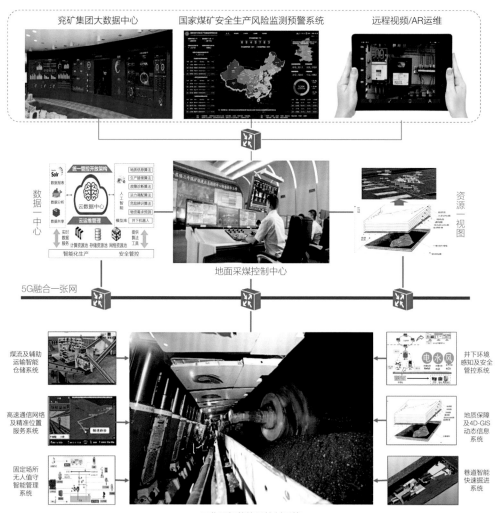

智能化煤矿顶层设计架构

优化工艺，智能化的流程管理

做任何事情都需要遵循一定的流程，以吃饭为例，首先需要确定我们吃什么、在哪里吃、什么时间去吃等。煤炭开采也对应着三个阶段，即制订煤炭生产计划、组织煤炭生产以及保证生产物资供应。

制订煤炭生产计划

煤炭生产计划就是确定"吃饭"的内容，即"吃什么饭"和"怎么吃饭"。"吃什么"和"怎么吃"这些饭前准备过程其实就是组织生产前确定煤炭生产的赋存条件、明确生产任务和煤炭的利润，这也就是煤炭生产计划的主要内容。当然煤炭生产计划还需要对煤炭采掘技术、煤炭质量、开采成本、安全生产、节能环保等方面都作出明确要求。

吃饭的饭菜有不同的类别，煤矿生产计划同样也有很多种类别。根据煤矿生产的轻重缓急来区分，煤炭生产计划可分为常规计划与重点计划。煤矿生产的常规计划通常按照时间长短来划分，可以分为日计划、周计划、月计划、季计划、半年度计划、年度计划以及长期计划等。煤矿生产的重点计划主要是指在每个常规计划中的重点项目计划的实施。

吃了这顿"饭"对身体有什么益处是"吃饭"的作用，同样煤炭生产计划的作用体现在多个方面：是实现经营目标的重要手段、是煤炭生产管理的重要依据、是煤炭企业生产的方向、是煤炭生产经营任务顺利完成的保障。

"吃饭"需要根据自身的客观情况进行分析，假如我们今天胃疼，那么必定不适合吃辣的食物，假如今天我们很热，也不适合去吃火锅，所以我们需要先分析出最合适的"饭菜"，映射到煤炭生产计划上，对应的则是如何使煤炭生产计划的可行性和指导性更加完善。

再举个例子，比如一支篮球队参加比赛，那么进攻、防守和球员轮换都需要提前布置好，才能够将自身的实力发挥到最大。煤炭生产也是同样的道理，只有清晰地对以下几个方面进行考量，煤炭生产计划才能够发挥最大的指导作用：①企业发展环境分析。对企业所处的行业竞争环境、市场环境以及自身实际情况进行详细的调研和分析，根据企业发展的内外部环境进行优劣势分析。②生产计划的灵活性。制订计划时应留有灵活转变的余地，让生产过程中发生的问题能够得到及时的调整和解决，使企业损失降至最低。企业需要将生产计划不断与客观效果进行比较，针对实际影响及时作出有效调整，提高企业生产的可塑性。③煤炭生产人员配置。煤矿生产由数字化矿山逐渐向智能化矿山转变，生产队伍人员配置由普通生产人员向高素质人才转变。生产计划编制要考虑生产人员配置，做到人岗匹配、岗责分明。

根据煤矿开采实践，提出如图所示的煤矿智慧安全管理模式，包含设备、环境、风险、隐患、不安全行为和预测预警等内容。

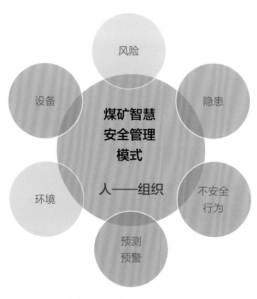

煤矿智慧安全管理模式

组织煤炭开采

为保证吃饭顺利进行，需要做一些事情，比如坐车去吃饭的地方、吃饭和饭后返回。同样，为了保证煤炭生产顺利进行，需要做一些组织工作，煤炭生产组织工作的过程是指从生产准备开始，直到把煤炭产品生产出来的全部生产活动。

在吃饭过程中，从坐车去吃饭的地方到饭后返回包含很多过程，同样煤炭生产组织工作过程也由许多生产环节构成。将煤炭生产组织工作过程分为环节、工序、作业、操作、动作是合理组织生产的需要，对保证生产持续、稳定、安全地进行和提高劳动效率有着很重要的作用。研究环节与工序的协调和配合，是生产过程组织的基本内容，其目的在于合理组织和协调各生产环节和生产工序在空间和时间上的关系，以做到稳产高产和建立安全正常的生产秩序。

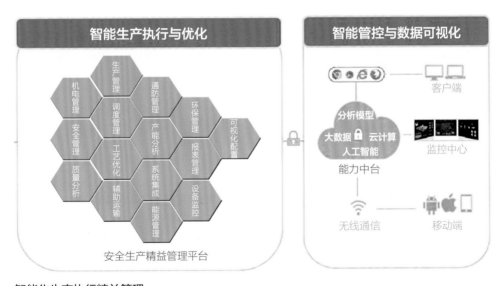

智能化生产执行精益管理

煤炭生产组织工作的开展离不开物质载体，就像"吃饭"离不开餐具一样。煤炭生产组织工作的物质载体主要包括地面生产系统与井下生产系统两大部分。在矿井的地面，以主井、副井和铁路装车站为核心建立起一套为生产、管理等服务的地面生产系统。而矿井地下生产除了掘进和回采两个主要生产环节外，还包括运输、提升、排水、材料和动力供应等生产环节，这些生产环节组成了井下生产系统。

保障煤炭生产物资供应

煤炭生产物资供应就是提供吃饭所需要的餐具和提供吃饭所需要的费用等，也就是煤炭生产过程中需要足够的物资来保障煤炭生产的顺利完成。当然，煤炭生产过程中所需要的物资不像"吃饭"所需要的条件这么简单，物资供应是多维的。

为了保证煤炭生产的各类物资供应，必须采用逐级、分层的模式，第一步要制订物资消耗计划表，第二步分配采购任务，第三步储存物资，最后发放物资。在整个煤炭生产物资供应过程中，一方面因为煤炭物资种类繁多，要对其进行分类；另一方面也要采用合理的手段加强物资供应与管理，比如利用编制物资供应计划、组织货源、仓库管理、物资消耗定额管理、库存量的控制、物资统计等方式进行有效管理。

煤炭开采任务流程优化与精准推送

按照上面的煤炭开采工艺流程及生产准备、保障相关工作，对煤炭开采工艺流程进行优化，将煤炭工艺划分为较小的单元，然后通过智能作业管理系统将作业任务精准推送至作业人员的"单兵装备"，作业人员通过"单兵装备"的指引完成相关作业任务。

通过智能化的工艺管理，可以实现工艺流程的可视、可管，采用智能巡检作业功能，可以实现数据的实时在线采集，提升作业效率及安全生产水平。

知识卡

单兵装备

单兵装备是指士兵使用的武器装备。冷兵器时代的单兵装备表现为刀、枪、剑、戟，矛、盾、盔、甲等。热兵器时代的单兵装备表现为各种枪械、手雷、火箭筒等。

随着时代的发展，煤矿工人下井也需要携带类似士兵携带的单兵装备。单兵装备可以实现对矿工身体健康状况与周围作业环境的感知，同时还可以进行语音通话、视频信息采集等。

士兵的单兵装备

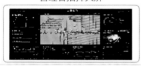

管理者指挥大屏

- **面向管理者视角：**聚焦管理核心，提供作业指标总览情况，及时识别管理提升点。
- **一键直达现场：**综合展示作业现场信息，视频通信，及时指挥。

收益

知识资产沉淀
煤矿标准化生产作业流程形成数字化资产沉淀

数据可盘活
汇聚作业流程数据，反向优化改进安全生产规范与作业流程

价值能体现
量化作业过程关键问题处理效率、物料损耗、人员绩效及核心考核

矿工作业 / 人员发展

| 标准 | 作业标准化安全生产标准化 | 事前 | 签到打卡资质审核 | 事中 | 作业过程可视AI无感采集远近视频协同 | 事后 | 报告自动生成问题闭环管理 | 人员绩效评价人员资质管理技能培训管理 |

应用场景：通防队 综采队 皮带队 掘进队 安全监察 ……

智能作业管理系统

煤矿设备的远程运维与全生命周期管理

煤矿设备从购买到报废要经历很多次的小修、大修，通过设备全生命周期管理系统可以实现设备由生产至报废整个生命周期的闭环管理。由于设备在运行过程中不可避免地会发生故障，为了对设备故障提前进行预测、预警，一般会在设备的核心零部件上安装振动传感器、温度传感器等各类传感器，并感知设备运行状态信息，通过数学模型对设备的故障进行超前预测、预警，及时发现设备故障隐患，评估健康状态劣化趋势。通过设备全生命周期管理平台推送的报警信息，设备维护人员可以识别设备故障模式和严重程度，采取相应的运行调整、维护保养、设备维修等措施，避免设备意外停机与损坏，让设备运行始终处于安全、可靠的状态。

近年来，随着5G、AR、VR等技术的发展，煤矿设备的远程运维技术也取得了很大的进步，通过远程视频、数字孪生等技术，便可以很方便地对井下设备进行维修管理。

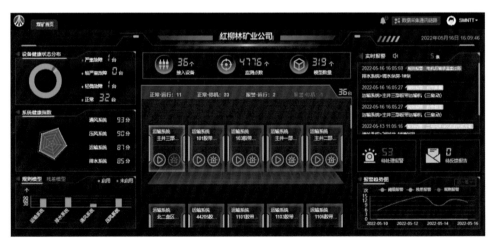

设备全生命周期管理系统

提质增效，智能化的生产运营管理

智能化技术的应用需要与之相匹配的管理体系，主要包括智能化的生产、运营与安全管理。

智能化煤矿生产管理体系

煤矿生产管理在层级上，从年度主生产计划开始，逐步细分到每个班组；从范围上，狭义的生产仅包含采煤、掘进两个职能，而广义的大生产包括采煤、掘进、通风、地测、机电、运输等多个职能。未来全智能化矿井生产条件下，可以将大生产分为资源需求型和资源提供型两类，前者对资源的需求虽与狭义生产相关，但相对独立；后者虽也有资源需求，但更重要职责是向各方提供资源，未来可以采用配送制，提高服务水平。

在精益生产模式下，智能化煤矿生产管理体系如下图所示：

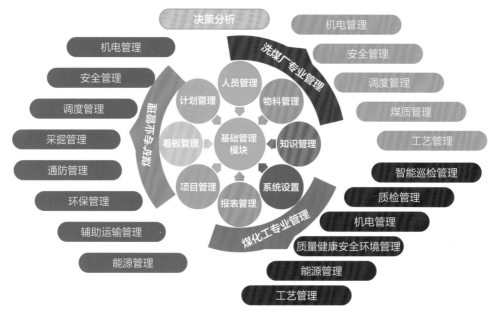

智能化煤矿生产管理体系

除了资源精益管理外，还应包括基层班组管理精益化。基层班组管理包括班前会任务管理、班后会工作业绩分配等内容，通过智能化平台提供的信息，可以将工作成果与成本、安全等因素进行综合，为班组的集体决策提供支持，更加高效、准确地反映现场工作实际情况。

智能化煤矿运营管理体系

煤矿运营管理的目的是在满足生产和安全对资源需求的前提下，尽可能提高资源利用效率，降低整体成本。煤矿运营管理主要包括预算管理、各类定额管理、配送管理、核算管理，以及相应的经营分析、预测预警等活动。

智能化运营管理主要包括内部配送和成本管控两个核心业务，两个业务又存在密切的联系，其中内部配送又分为资源需求采购和配送两个流程。

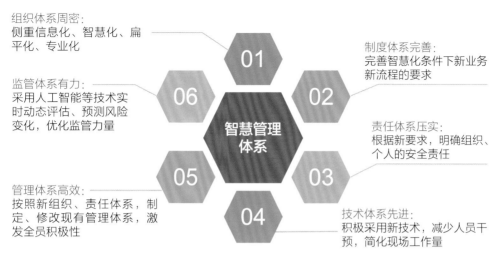

组织体系周密：
侧重信息化、智慧化、扁平化、专业化

监管体系有力：
采用人工智能等技术实时动态评估、预测风险变化，优化监管力量

管理体系高效：
按照新组织、责任体系，制定、修改现有管理体系，激发全员积极性

制度体系完善：
完善智慧化条件下新业务新流程的要求

责任体系压实：
根据新要求，明确组织、个人的安全责任

技术体系先进：
积极采用新技术，减少人员干预，简化现场工作量

01 02 03 04 05 06

智慧管理体系

智能化运营管理体系

运营管理部门根据运营供应计划，按提前期开展采购工作，生成具体订单。在订单完成前，需要持续跟踪订单的履行情况，直到所有的订单内容都实现入库后，根据大量订单情况开展供应商管理，不断提升供应商的服务水平。

智能化资源配送管理需要解决的智能化决策问题非常多，体现出智能化决策的重要意义。智能化决策涉及的内容包括订单分拣、订单配载、编组、配送等一系列环节，要保证按时、成组将各种物资送到需要的场所。配送模式较煤矿传统的领料模式有显著的优势，但对于管理的精细化要求非常高，对各种资源、要素状态信息的掌握程度要求也非常高。

智能化煤矿安全管理体系

智能化安全管理模式下，煤矿对于安全生产相关的各要素状态掌握水平、理解程度都远超传统管理模式。在这种条件下，企业可以采取主动管理模式对安全相关要素进行超前管控。超前管控的闭环管理中，潜在问题发现（即尚未真正显现的隐患）主要依赖智能化算法对各危险因素相关数据的分析加工得到，而不是依赖安全检查人员；问题的处理依赖各危险因素管理的责任部门，如与通风有关的问题由通风工区负责治理、与机电有关的问题由机电工区负责等。安全生产管理部门和人员与各业务部门职责应有所区分。

智能化煤矿安全管理职责区分

第七章

数字煤矿

"一花一世界，一叶一菩提"的意思是从一朵花里可以看出整个世界，一片叶子能代表整棵菩提。"一'数'一煤矿"的意思是用"数字"展现煤矿，用"数字"互联煤矿，用"数字"洞悉煤矿。

数字煤矿综采工作面数字孪生

他山之石、可以攻玉，现代智能化煤矿在传统煤矿生产工艺的基础上，深度融合新一代信息通信技术和智能控制技术"法宝"，为煤矿植入"0与1"的数字基因。在智能化"法宝"加持下，传统煤矿如虎添翼，飞向"云端"，幻化为"0与1"的数字煤矿，用数字重塑煤矿，挖掘大数据潜能，用数据驱动煤矿，赋予煤矿全新的澎湃动力。

本篇主要介绍智能化煤矿的"法宝"，探索有形的真实煤矿与无形的数字煤矿之间你来我往的奥秘，揭开"云服务"千里共婵娟的神秘面纱，沉浸于虚拟与现实相融合的煤矿"元宇宙"。

智能化煤矿的"法宝"

"ABCD+5G"等新一代信息通信技术和智能控制技术是智能化煤矿的"法宝"，是煤矿智能化开采的基石，助力煤矿智能化建设，赋能煤炭行业高质量发展。"ABCD+5G"，简单的字母与数字的组合，蕴含了无限可能的"锦囊妙计"。

A——人工智能

人工智能（Artificial Intelligence）简称AI，是计算机科学的一个分支，是研究、开发用于模拟、延伸和扩展人的智能的理论、方法、技术和应用系统的一门新的科学技术，简单地说就是让机器像人一样思考。

人工智能不是死板的程序，而是通过算法程序构建一个人工神经网络，像人一样通过大量的数据进行各种尝试、学习和训练，学会自己思考和总结规律。人工智能可以代替人类从事简单

"人工智能"创意图标

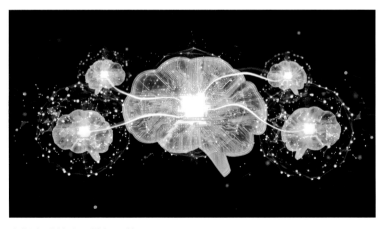

类似人脑的人工神经网络

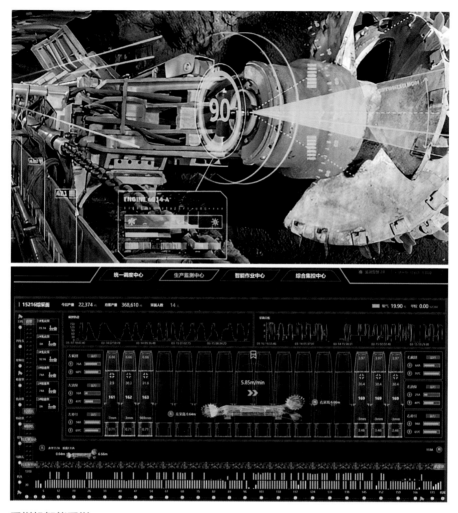

采煤机智能采煤

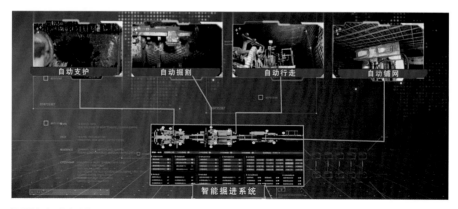

掘进机智能掘进

重复的体力和脑力劳动，提升生产效率和生活质量。人脸识别、自动驾驶和智能语音客服等都是人工智能技术的应用。

智能决策、图像识别、智能感知、设备故障诊断、趋势预测、安全预警等人工智能技术在智能化煤矿中随处可见。采煤机的智能截割、掘进机的智能掘进、带式输送机的异物识别、机器人智能巡检以及井下车辆无人驾驶等场景都是人工智能在煤矿的应用。此外，通过矿井气体浓度、环境温度、矿山压力等数据的智能感知和监测，人工智能技术可以分析预测安全隐患，并及时提醒工作人员采取应急措施。

车辆智能无人驾驶

机器人智能巡检

B——区块链

区块链技术（Block Chain）是指通过去中心化和去信任的方式集体维护一个可靠数据库的技术方案。通俗一点来说，区块链技术就是一种全民参与记账的方式。

由于"天然的"安全特点——"一旦写入，无法修改"，区块链技术可以为煤炭安全隐患管理和煤炭贸易注入新的活力。通过区块链技术记录煤炭运销全流程，在线监测运销的每一环节，帮助煤炭企业明晰每笔交易，让信息传递穿上"信任铠甲"，实现信用传递，搭建信任桥梁，降低信任成本，所有环节在可信的环境下变得有章可循、有据可依，能够有效解决煤炭企业融资难、融资成本高的问题。

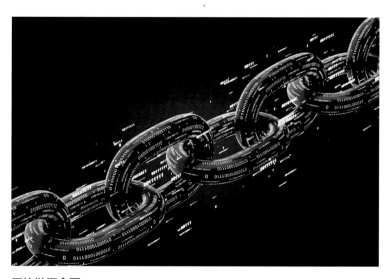

区块链概念图

C——云计算

云计算（Cloud Computing）的"云"就是指网络，云计算就是一种网络计算模式，它改变了人们使用计算机的思维方式。

云计算概念图

简单来说，云计算就是合理调配网络资源，给用户随时随地提供涵盖服务器、应用程序、存储与网络在内的各种计算机软硬件资源的计算模型和计算服务。云计算使人们可以像使用"水、电"一样方便、低价地获取和使用计算机服务。云计算的服务类型主要有三种，分别是软件即服务（SaaS）、平台即服务（PaaS）和基础设施即服务（IaaS）。

云计算

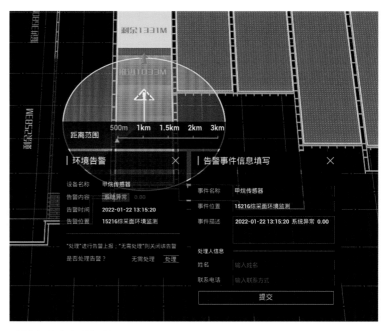

矿井安全生产数据处理与显示

　　智能化煤矿以数据为驱动，基于统一接口、统一标准的煤矿智能一体化管控平台将煤矿上百个系统融合在一起形成巨系统，每天需要存储和处理海量生产环境感知数据和控制信息等实时数据，如智能摄像头采集的视频画面、瓦斯等气体浓度传感器监测的气体浓度数据等，数据的采集、处理和展示对煤矿企业信息系统的海量数据存储及处理性能提出了巨大的挑战。

　　云计算利用虚拟化技术将信息化物理基础资源转化为虚拟化资源，通过虚拟资源池为煤矿各应用系统提供计算、存储及网络资源，使海量煤矿实时数据得到高效快捷的存储和处理，充分发挥和挖掘煤矿海量数据的价值。云计算的超大规模、虚拟化、高可靠性和廉价等特点，为煤矿数字化、智能化建设提供强有力的支撑。

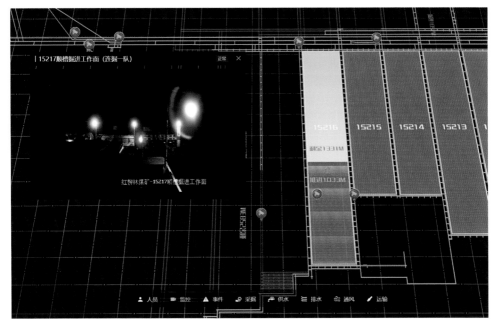

矿井生产场景的展现

D——大数据

　　大数据（Big Data）又称巨量资料，是一种规模大到在获取、存储、管理、分析方面大大超出了传统数据库软件工具能力范围的数据集合，具有海量的数据规模、快速的数据流转、多样的数据类型和较低的价值密度四大特征。

大数据创意图

大数据的意义不在于掌握庞大的数据信息，而在于对这些含有意义的数据信息进行专业化处理。它必须依托云计算的分布式处理、分布式数据库和云存储、虚拟化技术，对海量数据进行分布式数据挖掘。因此，大数据与云计算总是密不可分的。

　　现代智能化煤矿的运转依赖于数据驱动，依靠大量数据的挖掘分析获取规律。数据主要来源于井下物联网感知层的各个监测设备采集到的环境参数以及用于控制设备的相关数据，如甲烷、一氧化碳、氧气、温度、压力、设备运行状态和操作信息等实时监测和控制数据。以陕煤集团红柳林煤矿为例，红柳林煤矿利用物联网技术将矿井2600多种设备数据统一采集入"数据湖"，每天产生数据量超过1亿条：综采工作面具有3000多个监测点位，每日产生2600多万条数据；掘进工作面具有3870多个监测点位，每日产生1100多万条数据；带式输送机具有1000多个监测点，每日产生200多万条数据。

大数据服务器

综采
3000⁺个监测点位，每日产生数据2600万⁺

掘进
3870⁺个监测点位，每日产生1100万⁺条数据

皮带
1000⁺个监测点位，每日产生200万⁺条数据

选煤、洗煤
6000⁺个监测点位，每日产生500万⁺条数据

煤矿生产系统每日数据

5G——第五代移动通信技术

第五代移动通信技术（5th Generation Mobile Communication Technology）简称5G，是具有高传输速率、低传输时间延迟和大范围连接特点的新一代宽带移动通信技术。5G技术的研发最初是为了满足呈现暴涨趋势的数据高速传输的需求，现在已经成为支撑经济社会数字化、网络化、智能化转型的关键新型基础设施。

智能化煤矿所涉及的采、掘、机、运、通、洗选、营销、质量、安全保障等主要系统均以数据感知为基础，并逐渐朝着远程

5G应用

井上井下5G全覆盖

化、少人化的目标不断发展。因此，5G技术成为提高传输能力、增强网络控制可靠性的基础。譬如，在综采工作面智能开采中，需要在5G技术的强力支撑下实时采集现场数据并建模，所建模型随着数据刷新而高速更新，井下高清视频也可快速回传至监控现场。

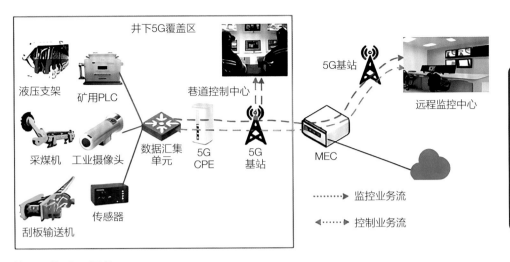

井下5G覆盖区

液压支架

矿用PLC

巷道控制中心

5G基站

远程监控中心

采煤机 工业摄像头

数据汇集单元

5G CPE

5G 基站

MEC

刮板输送机

传感器

┈┈┈▶ 监控业务流

◀┈┈┈ 控制业务流

综采工作面5G覆盖

他山之石，可以攻玉，"外行大佬"齐助力

煤矿智能化建设过程中，除了中国煤炭科工集团和煤炭类高校等煤炭行业老牌科研力量支撑外，实力强大的"外行大佬"也纷纷涌向了煤炭智能化发展的大潮。

例如，华为、阿里巴巴、京东、百度、中国移动、中国联

💧 知识卡

中国煤炭科工集团

中国煤炭科工集团有限公司（简称中国煤科）是国务院国有资产监督管理委员会直接监管的中央企业。作为全球唯一全产业链综合性煤炭科技创新型企业，现有35家直属企业、1家控股高科技上市公司，业务范围涵盖煤机智能制造、安全技术装备、清洁能源、设计建设、示范工程、新兴产业等六大板块。拥有国家级、省部级各类实验室、检测中心等136个。共培养了中国工程院院士10人，累计享受政府特殊津贴600余人，国家级勘察设计大师10人，新世纪百千万人才工程国家级人选20余人。拥有"矿业工程"学科博士后科研流动站，博士后科研工作站6个，博士硕士学位授权专业12个。

鸿蒙矿山操作系统

通、中兴等高新技术企业也与煤矿企业合作，助力煤矿智能化发展。煤炭人满怀期许地欢迎新一代信息与通信技术和智能化控制技术等智能化"法宝"融入煤矿生产，将互联网、智能化、机器人等行业成熟的高科技技术和产品与煤矿传统开采工艺相结合，助力煤矿智能化发展。

华为公司以煤矿生产应用场景为背景，为煤矿智能化量身定制鸿蒙矿山操作系统"矿鸿"和"矿用5G"等产品，是鸿蒙操作系统和5G通信技术在煤矿开采工业领域的商用落地，也是科技"大佬"的高新技术与传统煤矿企业相融合的典型案例。

无形的数字煤矿

数字煤矿是对真实矿山整体及相关现象的统一认识与数字化再现，即将煤矿地质地貌、规划设计、安全生产、经营管理及矿区生态与复垦等进行全面数字化，利用信息技术、控制理论和智能化技术，动态、详尽地反映与矿山安全生产、运营相关的煤矿生命周期全过程。

数字煤矿集运行信息数字化、生产过程虚拟化、管理控制一

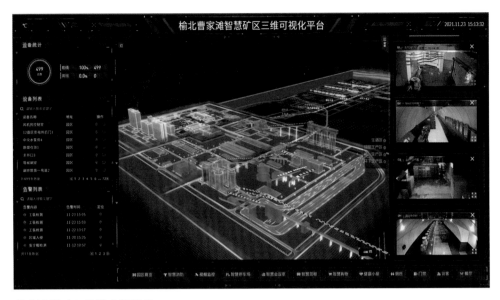

曹家滩煤矿三维数字可视化

体化、决策处理集成化于一体，是采矿技术、自动控制技术、计算机技术、智能决策分析技术、3S技术（遥感技术、地理信息系统和全球定位系统）及生态技术高度结合的产物。数字矿山是一个不断发展的概念，数字矿山建设是一个不断发展、不断迭代完善的过程，如最近兴起的元宇宙概念，会迅速融入数字矿山建设的范畴。

二进制与硅

说到计算机技术，就不得不提二进制与硅，二进制和硅是搭建计算机世界的砖和瓦。数字化世界的基础是二进制数0和1，数字化煤矿的基础也是二进制数0和1。

二进制

二进制是计算技术中广泛采用的一种数制，由17世纪德国数理哲学大师莱布尼茨发现。二进制数据是用0和1两个数码来表示的数。它的基数为2，进位规则是"逢二进一"，借位规则是"借一当二"，当前的计算机系统使用的基本上是二进制系统，数据在计算机中主要是以补码的形式存储的。计算机中的二进制则是

1+1什么情况下不等于2?

时钟（六十进制）

一个非常微小的开关，用1来表示"开"，0来表示"关"。文字、图像、声音在手机、计算机里都是用二进制的0和1存储。

1+1在什么情况下不等于2?

十进制（满10进1）：1+1=2

二进制（满2进1）：1+1=10

生活中，我们还可以见到其他非十进制的数制，比如一周7天的七进制，一天24小时的二十四进制，一轮12年的十二进制和时钟的六十进制。

七进制（满7进1）：一周=7天

十二进制（满12进1）：一轮=12年（12生肖）

六十进制（满60进1）：1小时=60分钟，1分钟=60秒

硅

硅是一种重要的半导体电子材料，具有低成本、高稳定性、高利用性（储量大）的特点。计算机的核心就是由半导体材料硅构成的集成电路（芯片），硅作为电子材料已经为人类社会服务了60多年。硅的导电能力介于金属导体和绝缘体之间，施加一个很低的电压就足以使硅在导电状态"1"和绝缘状态"0"之间切换，产生二进制"1"和"0"的数字存储状态。硅的导电状态和绝缘状态之间的转变，可以控制集成电路中电子的流动方向，从而完成复杂逻辑操作。

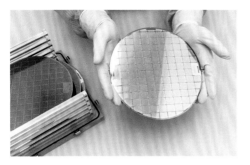

硅片

芯片

数字获取
——感知
矿山

我们是通过感官来认识这个世界的，在我们每天接触到的大量信息中，通过视觉来认知的信息占70%，听觉占20%，其余感官的获取量仅占10%。也就是说我们的眼睛，每时每刻都在捕捉获取我们所看到的一切。"看"是开启人类认知功能的基本手段。

与人类的感官相似，"感知矿山"是采用矿山物联网技术将矿山万物互联，通过摄像头、传感器等各种感知手段对矿山的人、设备和环境进行全面感知。例如，通过安装在掘锚一体机上的行程、倾角、温度、振动和电流等传感器，可实现对掘锚一体机组设备运行状态的实时感知；通过在巷道、工作面和硐室等地

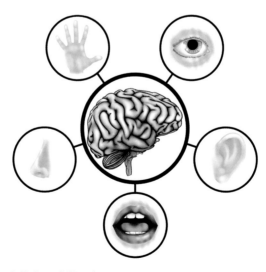

人的主要感觉器官

方安装一氧化碳、甲烷、氧气和温度等传感器，可实现对相关地点气体浓度的实时感知；通过人员随身携带的定位传感器，可以实现对井下人员位置的实时感知。感知获取的海量数据通过全覆盖的矿用高速网络实时传输，由大数据和云计算系统进行存储、处理和挖掘利用。

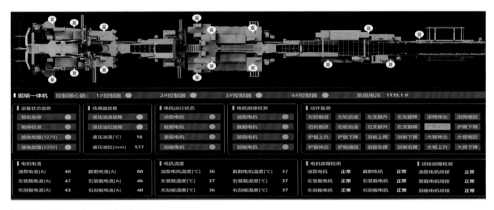

掘锚一体机设备运行状态感知

气体浓度感知

人员定位感知

数字建模——构建矿山

数字化矿山的构建通过数字化建模完成，煤矿数字化建模的过程如同开发一款大型三维游戏，需要搭建游戏场景，添加房屋建筑、设备和人物等。煤矿数字化建模是依靠采集到的各种基础数据，通过建立煤矿地质环境、构建生产场景和装备、实现生产数据在不同系统间的对话与传输等基础环节，并将各个系统和环节相互融合，实现现代化煤矿从实体到数字的映射。

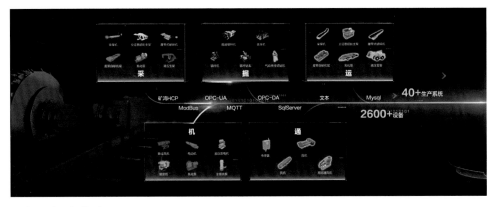

数字化矿山的构建

生产状态的实时数字化展现

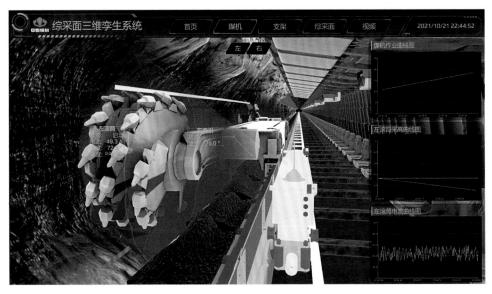

综采工作面数字孪生

数字孪生是煤矿数字化模型的关键技术，该技术充分利用实体模型、传感器感知，运行历史记录等数据，采用数字化方式创建与现实物理实体相映射的虚拟模型，通过数字模型"复制"物理模型。它集成多学科、多物理量、多尺度、多概率的仿真过程，在虚拟空间中完成映射，为物理实体提供实时、高效、智能的运行和操作服务。

以煤矿综采工作面为例，在完成采煤机、刮板输送机和液压支架等综采设备的三维数字模型构建之后，利用计算机智能算法程序实现智能化采煤工作面虚拟作业过程，并进行动画渲染，构建虚拟工作面。综采面的三维数字孪生系统能在投产之前对生产工艺的有效性及安全性进行模拟测试和设计验证。

云服务——『千里共婵娟』

"山川异域，风月同天。""但愿人长久，千里共婵娟。"这两首诗的诗句充满了古人对于距离和空间的思考和想象，表达了即使身处不同的地方，人们仍然能够共同欣赏到同一轮明月的美丽。云服务就像天上的月亮和云朵，以"数字云"的方式，突破了物理空间的阻隔，将遍布山南海北的计算机硬件、软件和存储信息等资源集中放置在虚拟的"云"上。这样一来，无论身处何时何地，都能够共享相同的数据、资源和服务，就像欣赏同一轮明月一样。

自己做比萨

加热预制比萨

点外卖送比萨

餐厅吃比萨

　　云服务的优势在于提供了高度的灵活性和可扩展性,使人们能够根据需求随时获取所需的计算能力、存储空间和应用程序等。无论是个人用户、企业还是机构,都能够通过云服务实现资源的共享和协同,极大地提升了工作效率和便利性。正如古人所期许的"但愿人长久,千里共婵娟",云服务的发展让我们能够跨越时空的限制,共享同一片云上的资源和服务,创造出更加紧密和互联的数字社会。

因地制宜的云服务

云服务是什么？云服务是一种通过网络提供计算资源和服务的技术，它是把互联网体系架构的物理设备、应用开发和运行的平台、提供业务功能的软件，还有支持企业运营的业务流程，都作为随时随地可以按需交付使用的服务方案。IBM的软件架构师阿尔伯特·巴伦（Albert Barron）曾经使用比萨作为比喻，解释云服务：

假设你现在饿了，想要吃比萨，你有四种选择模式：①在家自己做比萨；②去超市买一份预先做好的比萨，然后你加热并享用它；③点份比萨外卖送到家里；④去比萨店里点比萨吃。这些选择之间的区别就是谁负责准备做比萨的食材和配料，谁负责将比萨做熟，以及在哪里吃比萨。你可以选择"事必躬亲"，也可以选择"坐享其成"，这在云服务中也对应着不同的云服务模式。根据云服务提供的服务范畴不同，可将云服务分为4种模式。

（1）第一种模式为本地部署。这种模式下，各个环节你都需要亲力亲为，如需准备奶酪、配料、烤箱、厨具和餐具等，所有流程都由你全权负责，这将耗费大量的时间，并且做出来的比萨还不一定好吃。

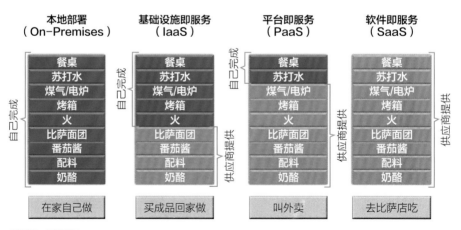

比萨与云服务

（2）第二种模式是基础设施服务（Infrastructure as a Service, IaaS）。这种模式下，厨师备料并提前帮你把比萨做成半成品，你需要在家加热并准备餐桌和餐具等。

（3）第三种模式是平台即服务（Platform as a Service, PaaS）。这种模式下，外卖小哥将做好的比萨送到你家，你只需要准备餐具和餐桌。

（4）最后一种模式是软件即服务（Software-as-a-Service, SaaS）。这种模式下，你什么都不需要准备，比萨店提供比萨、餐具和餐桌，你只需要买单就可以了。

私有云、公有云、混合云

云计算的部署方式主要有私有云（Private Cloud）、公有云（Public Cloud）以及混合云（Hybrid Cloud）三种。

公有云通常指第三方供应商为用户提供的能够使用的云，公有云一般可通过Internet使用，可能是免费或成本低廉的，如百度、华为和阿里公司提供的百度云、华为云和阿里云服务。

公有云、私有云、混合云示意图

煤矿云服务

　　私有云是为一个客户单独使用而构建的，企业或组织可以根据自己的需求，自由选择硬件和软件配置，并且有完全的控制权和管理权，具有更高的数据安全性和可定制性，但其建设和维护成本较高。

　　混合云是公有云和私有云两种服务方式的结合。混合云兼具公有云低成本和私有云高安全性的优势，大部分应用云服务的企业选择使用混合云模式。

　　煤炭企业依托云服务平台，运用大数据分析、人工智能等技术，可实现灾害防治、设备管理、生产优化、经营分析等智慧应用，推动矿山的智能化发展。

　　煤矿企业因直接面向生产与安全，不能将重要数据存放到公共网络上，架设私有云更能安全、高效服务。对于一些需要远程维护和大型软件厂商软件服务等需求，煤矿企业也会采用混合云来部署：企业内部部署私有云，数据不出矿，保证数据安全；通过专线，实现内部私有云与外部公有云互通，公有云可实现厂商对煤矿互联网设施远程维护，并可为煤矿企业提供大数据平台、人工智能模型训练平台和地图服务等一系列软件服务及计算资源。

　　云服务将原本分散的信息资源聚集起来，再以服务的形式提供给煤矿企业，实现煤炭行业内数据采集和共享，帮助煤炭企业将数据转换为服务，辅助煤矿生产和决策分析，从而实现智能化煤矿集约化发展、精益化管理和标准化建设。

煤矿元宇宙——『虚实融合、隔山打牛』

　　元宇宙的概念来自美国科幻作家斯蒂芬森在1992年创作的科幻小说《雪崩》。元宇宙在这本小说中叫"Metaverse"，由meta和verse两个词根组成，meta表示"超越""元"，verse表示"宇宙"。元宇宙是一个平行于现实世界的虚拟网络世界，现实世界中天各一方、被物理空间隔绝的人们可以通过各自在虚拟世界的"化身"，实现沉浸式的"面对面"交流、娱乐和工作。

　　煤矿元宇宙的目的是打造一个能够对真实矿山进行精准映射和实时交互的虚拟矿山，使煤矿工人在地面通过虚拟矿山与真实矿山的实时交互完成采煤、掘进和巡检等井下工作，用科技的力量切实提高矿工的幸福感、成就感。元宇宙技术应用到煤矿企业，能为煤矿企业的安全培训、实战演练和煤炭开采等赋能，促进煤矿智能化建设和发展，进而有效提升煤炭企业在数字化时代的影响力。

元宇宙概念图

打破空间界限，颠覆煤矿开采

煤炭地下开采经历了人工炮采、普通机械化开采、综合机械化开采阶段，目前正处于智能化无人开采建设和发展阶段，煤炭人期待将高精尖科技引入煤矿生产，助力煤矿智能化发展。2021年，"元宇宙"一词火爆全球，各大科技巨头纷纷布局元宇宙产业，元宇宙已然被认为是下一代移动互联网的表现形态。由感知数据和智能算法构建的"煤矿元宇宙"映入煤炭科技工作者的眼帘。

传统观念中煤矿粗放的生产方式与元宇宙这种高精尖又潮流的技术是不是格格不入呢？事实上，元宇宙在煤矿生产中应用，可以打破空间的界限，"虚实融合、隔山打牛"。元宇宙中的煤矿工人，可以在舒适的办公室里非常轻松地操控千里之外的智能化煤矿智能装备与机器人，远离煤矿"五毒"灾害，完成煤矿各生产环节，解决煤矿地理位置偏远、一线生产条件差和煤矿招工难等问题。元宇宙的底层逻辑就是打破空间的界限，创建一个虚拟与现实交织的世界，如果元宇宙能成熟应用于煤矿生产，将颠覆煤矿开采模式。因此，元宇宙在工业领域的应用价值可能比日常游戏、社交和办公中的价值更大。

隔山打牛

虚实结合、平行世界

通过数字孪生和智能算法构建虚拟平行世界，将现实煤矿生产场景非常逼真地展现在元宇宙中，现实的煤矿工人在虚拟的元宇宙里远程操控现实煤矿中的智能装备和机器人，完成整个生产过程。

煤矿元宇宙是通过对现实煤矿的复刻，采用数字孪生技术构建一个与真实煤矿生产场景实时映射的数字虚拟煤矿平行世界，通过对煤矿生产环节的仿真与交互，实现虚拟煤矿与现实煤矿交叉融合、实时互动、协同工作、平行演进。

虚实结合示意图

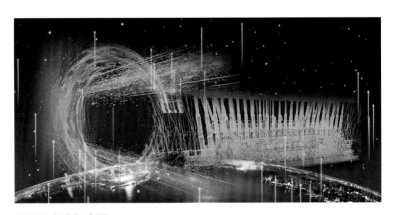

煤矿元宇宙概念图

元宇宙中的硬核技术支撑

不要觉得彻底颠覆煤矿行业的煤矿元宇宙是幻想，元宇宙并不是全新的技术，而是多种现有技术的融合和拓展，要建立煤矿元宇宙，需要数字孪生、XR技术、人工智能、区块链技术和高速可靠的网络传输等硬核技术支撑。

前面讲过人工智能、区块链技术和高速可靠的网络传输是智能化煤矿开采的"法宝"，我们再了解一下数字孪生和XR技术。

元宇宙的硬核技术支撑

数字孪生

数字孪生就是把现实世界中所有可以量化的物理量和参数，全部以数字化的形式展现在虚拟系统中。本质上，数字孪生是最简单的虚实映射的平行世界。

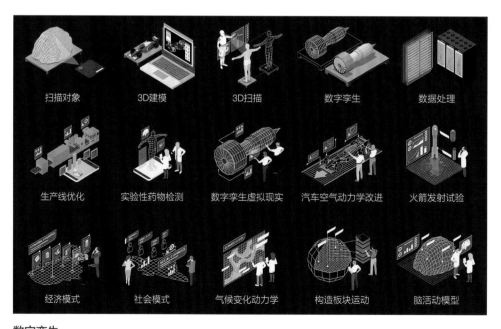

数字孪生

以煤矿企业为例，通过对煤矿生产场景1∶1精确数字建模，使用摄像头、传感器等监测设备获取并实时更新的数据，以符合物理规律的智能算法来驱动数字模型，使现实实体与虚拟数字模型实现虚实交融。数字孪生技术可助力煤矿实现全系统各环节的智能协同，助力煤矿企业全面打造数字化生产、系统化感知、可视化管理和智能化决策的综合系统。

XR技术

XR是扩展现实（Extended Reality）的简称，是指通过计算机将真实与虚拟相结合，打造一个可人机交互的虚拟环境。XR是增强现实（AR）、虚拟现实（VR）、混合现实（MR）等多种技术的统称，XR技术通过VR、AR、MR等多种视觉交互技术相融合，实现数字模型的全息显示与沉浸式交互，为体验者带来虚拟世界与现实世界之间无缝转换的"沉浸感"。

XR技术

VR利用头戴设备模拟真实世界的3D互动环境；AR则是通过电子设备（如手机、平板、眼镜等）将各种信息和影像叠加到现实世界中；MR介于VR和AR之间，在虚拟世界、现实世界和用户之间，利用数字技术实现实时交互的复杂环境。XR技术使元宇宙不再是冷冰冰的数据和智能算法，XR的特点在于沉浸性、交互性和智能性。XR技术可以让用户身临其境地感受到虚拟世界，与虚拟世界进行互动，从而打通物理世界与虚拟世界之间的壁垒。XR技术的应用可以让人们更加方便地获取信息、学习知识、进行娱乐和社交等活动，同时也可以为企业提供更多的商业机会。

　　元宇宙不仅有三维视觉，还有扩展感知功能，通过气体传感器、力反馈传感器等设备增加听觉、触觉、嗅觉等感知能力，使人们在虚拟的世界中有更逼真的体验感。这种技术可以让人们更加身临其境地感受到虚拟世界，从而提高虚拟现实的沉浸感和真实感。

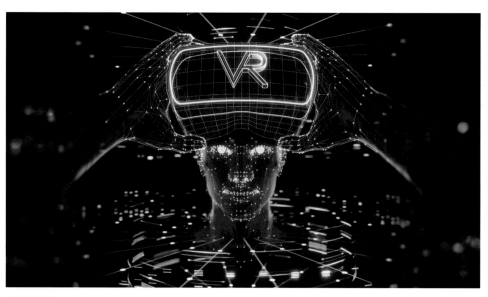

虚拟现实

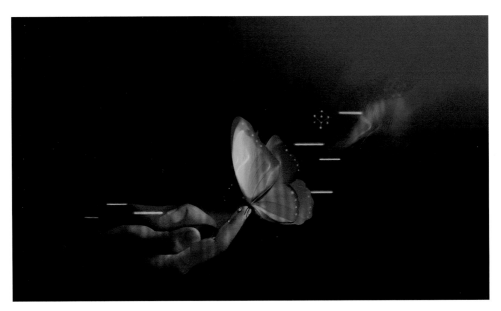

增强现实

高速可靠的网络传输技术

5G的主要特点是波长为毫米级，超宽带，超高速度，超低延时。5G技术的速度最快可达20 Gbps，可改善商务应用程序的效能及其他数字体验（例如在线游戏、视频会议等）。5G以及更先进的高速可靠的网络传输技术是虚实映射交互实时性的基础保障和关键要求。网络的些许的"卡顿"将影响虚实交互的效果，断网后的元宇宙更是"两眼一抹黑"，与外界没有任何交互。因此，网络稳定性和可靠性对于元宇宙的发展至关重要。

5G高速网络

第八章
"黑灯"选煤厂

拔出萝卜带出泥，吃前先要洗一洗。刚从地下采出的煤炭也带有"泥"，需要给它"洗个澡"，专业术语叫"煤炭洗选"。煤炭洗选是"去其糟粕，取其精华"的纯度和质量提升的过程。煤炭洗选之后，可以去除煤炭中的杂质，提高煤质，虽然煤炭洗选后依旧乌黑，但却可被更高效、更清洁地利用，具有更高的市场价值。煤炭洗选不仅节约能源，还能减少污染物排放，保护绿水青山。"煤炭是污染物"是对煤炭的一种误解，只要洗选干净并合理使用，煤炭也可以像天然气一样清洁。煤炭洗选是洁净煤技术的基础，也是煤炭深加工和洁净、高效利用的前提。

本篇将带你探秘煤炭为什么要"洗澡"、煤炭要怎么"洗澡"和煤炭在哪里"洗澡"。

拔出萝卜带出泥

煤炭为什么要"洗澡"？洗去的"污渍"又是什么呢？

开采出来的煤炭，未"洗澡"前被称为毛煤，去除大块的可见矸石而不经过任何加工的叫作原煤，原煤中含有较多的"污渍"，这些"污渍"主要是矸石、灰分和硫分等杂质。煤炭"洗澡"可实现煤炭产品多样化，提高煤炭利用效率，原煤洗选后可分为精煤、中煤和矸石。纯度最高、"最干净"的精煤一般会送往炼钢厂；"不太干净"的中煤虽然纯度不及精煤，但经济实用，

煤炭为什么要『洗澡』

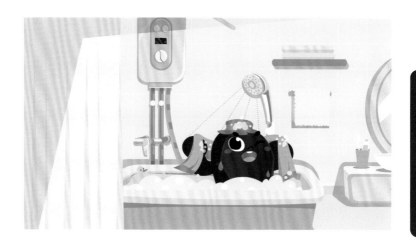

一般送往被大型发电厂用于发电；煤矸石也可以燃烧，不过效率很低，通常会被送进水泥厂做成水泥。

煤层中的"污渍"主要来自煤层自身、开采过程和周围环境。在自然形成过程中，煤层内部就伴有夹矸（矸石）和伴生矿物杂质，这些夹矸和矿物杂质和煤炭一起被采出。原煤中矸石含量因煤层赋存特征和开采工艺等因素而异，一般为10%～30%。此外，煤炭在开采和运输过程中，环境中的其他物质也不可避免地混入。原煤直接利用不仅效率不高，还会产生有害气体污染环境，增加运输成本，所以必须要"洗澡"。

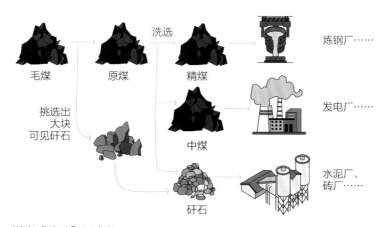

煤炭"洗澡"后变化

毛煤、原煤、精煤、中煤、矸石

毛煤： 从煤矿生产出来未经任何加工处理的煤。

原煤： 从毛煤中选出规定粒度（通常大于50毫米）矸石及黄铁矿等杂物后的煤。

精煤： 经过洗选、筛分等工艺处理后的高质量煤，是选煤过程的主导产品。

中煤： 经洗选后灰分值介于精煤与原煤之间的煤。

矸石： 采矿过程中，从井下或露天矿场开采出的或混入矿石中的岩石。

煤的伴生矿物

煤中夹矸

煤炭"洗澡"益处多多：

（1）去除原煤中的杂质，降低灰分和硫分含量，提高煤炭纯度。用数据来说，以水洗方式进行的煤炭洗选可脱除煤中50%~80%的灰分和30%~40%的全硫（或60%~80%的无机硫），保证煤燃烧时所达到的热量。完成原煤洗选后，不仅煤炭的运输成本被降低，洗选出的煤矸石还可以被集中起来用作水泥的原料。

（2）通过洗煤，能将优质煤与劣质煤区别开，把煤炭分成不同质量、规格的产品，高效利用，节约用煤。

（3）除去煤中的硫分（燃烧会生成二氧化硫）等有害物质，减少燃煤对大气的污染，同时为回收硫提供条件。

环保燃煤电厂

清洁燃煤电厂

煤炭"洗澡"

煤炭"洗澡"过程中，由于洗煤设备大小有限，所以大块煤会被破碎成较小的粒度，然后根据粒度大小进行分类。洗选方法是依据煤与矸石和杂质之间密度、亲水性等物理或化学性质上的差异，常用的煤炭洗选工艺有动筛跳汰、重介浅槽洗选、重介质旋流器洗选和浮选等，通常煤炭的洗选由两种或两种以上工艺组成，如"重介质旋流器洗选+浮选"组合。

其实，煤炭"洗澡"和日常洗衣服很相似，主要分为准备阶段、"洗澡"阶段和洗后处理。下面结合洗衣流程介绍煤炭如何"洗澡"。

准备阶段

脏衣物收纳和存放

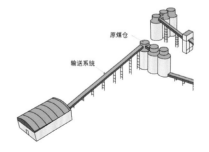

毛煤接收与储存

取出衣物里的东西

挑选出原煤中的大块矸石

衣物分类整理

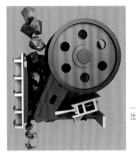

原煤破碎与筛分

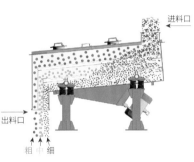

进料口

出料口

粗 中 细

洗衣盆和搓衣板

洗衣手套

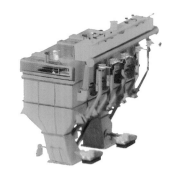

跳汰分选机

洗衣机

重介质浅槽分选机

洗涤剂

洗衣用具（部分）

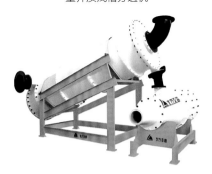

重介质旋流器

选煤设备（部分）

清洗阶段

洗衣方法选择：

洗衣清洗可采用物理方法（拍打、手揉搓、搓衣板揉搓、洗衣滚筒旋转）、化学方法（洗衣粉、洗衣液、消毒液、柔顺剂等）等，通常为多种方法相结合。

举例：浸泡+揉搓+漂洗

加入水和洗衣粉浸泡衣物
（化学方法）

用搓衣板进行揉搓
（物理方法）

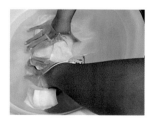

对衣物进行漂洗
（物理方法）

洗煤方法选择：

煤炭洗选可采用物理洗选（跳汰法、重选法、浮选法）、化学洗选、微生物洗选等，通常为多种方法相结合。

举例：重选法+浮选法

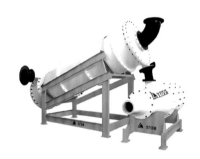

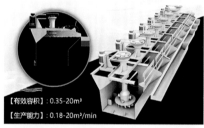

【有效容积】：0.35-20m³
【生产能力】：0.18-20m³/min

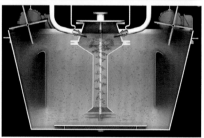

在浮选机中进行浮选（物理洗选：浮选法）

洗后处理

举例：脱水+晾晒+收纳

脱水

晾晒

收纳存放

举例：脱水+分类存放

脱水

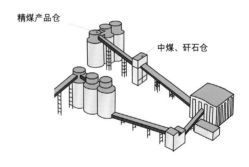

分类存放（中煤和精煤分开）

重介质洗选

前面提到了多种煤炭洗选工艺，这里我们重点介绍一下重介质洗选法。重介质选煤是最先进的选煤方法之一，重介质选煤是指原煤在重介质中进行分选的过程。

重介质选煤的基本原理是阿基米德原理，依据煤与矿物、矸石之间的密度差异，用密度介于煤与矸石之间的重液或重悬浮液作为介质，使密度小于介质的煤上浮于介质表面，密度大于介质的矿粒下沉于容器底部，以达到分选的目的。

死海里的重介质水

原煤是煤、夹矸煤、矸石等的混合物，密度范围一般为1.2～2.6克/立方厘米，其中，煤的密度通常为1.2～1.6克/立方厘米，矸石的密度通常在1.8克/立方厘米以上。重介质选煤的关键在于重介质的密度应在煤和矸石的密度之间，使密度比重介质密度小的煤浮于重介质上部，而密度比重介质大的矸石等杂质沉在重介质底部，这样才能使重介质在选煤过程中发挥作用。

"浮不浮"——"地球引力之手"与"阿基米德之手"掰手腕

物体放入液体中可能漂浮、悬浮或下沉，决定物体"沉浮"的是重力（"地球引力之手"）和浮力（"阿基米德之手"），重力等于物体密度和体积及重力加速度的乘积，浮力等于物体排开液体的体积和液体密度及重力加速度的乘积。当物体完全浸入液体时，物体体积和排开水的体积相等，因而决定物体"沉浮"的就是物体和水的密度。物体密度大于液体密度，"地球引力之手"赢，物体下沉；物体密度小于液体密度，"阿基米德之手"赢，物体上浮；物体密度等于液体密度，两者平手，物体悬浮。

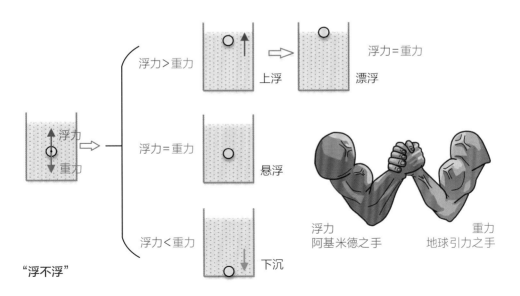

"浮不浮"

动手小实验：让鸡蛋浮起来

实验原理：鸡蛋密度大于清水的密度（1克/立方厘米），所以鸡蛋沉入水底；清水加盐后，盐溶解在水中，盐水是密度大于1克/立方厘米的重介质，当盐水密度大于鸡蛋密度时，鸡蛋就会浮起来。该实验原理与人可以漂浮在含盐度很高的死海里一致。

清水　　　盐水　　　盐

让鸡蛋浮起来

重介质旋流器

仅靠重力来洗选煤炭效率较低，在洗煤厂有一个专业的设备叫作重介质旋流器。将破碎后的煤送入旋流器，并在旋流器中充入适量的重介质。旋流器带动煤和重介质一起旋转，高速旋转将产生比重力更大的离心力。转速越大，离心力越大，借助离心力的煤炭重介质洗选效率也越高。

此外，离心力也用于宇航员的训练中。宇航员不仅要能克服太空中的"失重"，还要能克服火箭发射时的"超重"。火箭发射时的加速度可达重力加速度的4～5倍，这种超重过载状态对宇航员身体素质是一种考验。

🔥 知识卡

离心力

　　离心力是指一个物体在旋转或转动时受到的向外的力。离心力的大小与物体的质量和角速度有关，并且指向物体离开旋转中心的方向。离心力是在非惯性系里的惯性力，是一种惯性的体现，它使旋转的物体远离它的旋转中心。

　　荡秋千和坐过山车时，感受到"甩"出去的力就是离心力。

　　在地面如何产生"超重"呢？地面载人离心机可通过高速旋转产生的向心加速度来模拟火箭发射时的加速度，宇航员在训练中要克服的离心力是重力的7～8倍。

火箭发射时的加速

载人离心机

黑黑的"洗澡水"如何处理

黑黑的洗煤废水是呈弱碱性的胶体体系，含有大量的悬浮物、黏土颗粒、煤泥和矿物质，黏度大、不易过滤，静置几个月也不会自然沉降，很难处理。如果直接排放，必然会对环境造成严重污染，那么生产中又是怎样处理这些废水呢？

针对洗煤废水的一种处理方法是凝聚沉淀，即采用化学絮凝剂进行处理。不同类型的废水所加的絮凝剂有所不同，需根据情况进行选择，化学絮凝剂可破坏洗煤废水中胶体颗粒稳定性，让煤泥颗粒等物质与水相互分离。处理后的水还可以继续循环利用。

知识卡

胶体

胶体又称胶状分散体，是一种较均匀混合物。在胶体中含有两种不同状态的物质，一种分散相，另一种连续相。分散质的一部分是由微小的粒子或液滴所组成，分散质粒子直径在1~100纳米的分散系是胶体；胶体是一种分散质粒子直径介于粗分散体系和溶液之间的一类分散体系，这是一种高度分散的多相不均匀体系。

胶体分为气溶胶、液溶胶和固溶胶。云、烟、雾是气溶胶，豆浆、淀粉溶液是液溶胶，有色玻璃、水晶是固溶胶。

处理前　　　　　　加絮凝剂　　　　　处理后

洗煤废水加絮凝剂处理

"卤水点豆腐"和洗煤废水加絮凝剂沉淀有异曲同工之处。"卤水点豆腐"就是在豆浆（胶体）中加入卤水（絮凝剂），卤水主要成分有氯化镁、硫酸钙、氯化钙及氯化钠等，可使大豆蛋白质团粒凝聚到一起，形成豆腐脑（固体），将豆腐脑放到透水纱布挤压出水分，然后在模具中挤压一段时间就形成了豆腐。

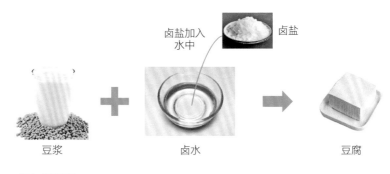

卤盐加入
水中　　　　　　　卤盐

豆浆　　　　　　　卤水　　　　　　　　豆腐

卤水点豆腐

干法选煤——煤炭也可干洗

湿法选煤是目前我国常用的选煤方法，但随着我国对煤炭行业节能增效、环境保护以及智能化要求的不断提高，近年来，智能干法选煤应用逐渐增多。智能干法选煤省去了大量的洗煤用水和洗煤废水（煤泥水）处理环节，干法选煤更加符合"智能""绿色"和"双碳"政策的发展方向。

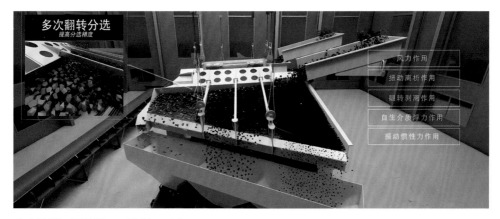

唐山神州干法选煤——洗煤不用水

应用比较成熟的干法选煤设备主要有复合式干法分选机、风力干法分选机、空气流化床重介分选机、块煤智能分选机等，应用最普遍的是复合式干法分选机。

动手小实验：筛分实验

筛分实验步骤：将花生、红豆、绿豆、小米混合在一起，使用不同的网孔的筛网进行筛分，筛分后各自称重。

筛分的实验原理：小于筛孔的物料透过筛孔被筛下，成为"漏网之鱼"，大于筛孔的物料被拦在筛网外面。筛分的关键在于不同物料尺寸有差异，筛孔尺寸需介于大、小物料尺寸之间。

不同粒径的筛分工具

五谷杂粮

称重

筛分小实验用具

煤炭『洗澡』的场所——『黑灯』选煤厂

选煤厂为什么"黑灯"呢？像全自动洗衣机可以根据预设程序自动完成"注水—浸泡—漂洗—脱水—排水—洗后蜂鸣"等功能一样，"黑灯"选煤厂通过设备状态智能监测、过程智能控制、智能管理与精细决策，实现了煤炭储装运、煤炭洗选和洗煤废水处理等各环节相互协同、全流程智能控制、无人化作业，选煤厂空无一人，无须开灯，所以称为"黑灯"选煤厂。

"黑灯"选煤厂数字孪生智能管控系统将先进的传感监测、大数据、人工智能、工业互联网、云计算等智能化"法宝"深度融合到复杂的煤炭洗选工序和管理环节，开发智慧仓储、智慧选矸、智慧重介、智慧浓缩压滤、人员定位与智能照明等先进系

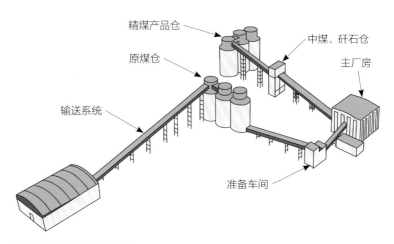

洗煤厂生产系统及流程

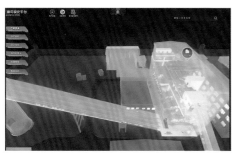

选煤厂三维可视化与安全监测系统

统，打造了全域感知、全局协同、全线智能的选煤AI超脑平台，让各种设备"聪明"起来，使生产状态可视化数字孪生展现，保证煤炭高效和稳定地"洗澡"，提高洗选质量和产品产率。

接下来主要介绍"黑灯"洗煤厂的数字孪生智能管控系统、煤炭储存监测与煤仓巡检机器人、智能干式选矸机器人、智能重介系统、智能"加药"系统、智能照明与人员定位管理系统。

选煤厂数字孪生智能管控系统

像煤矿井下智能化生产一样，"黑灯"选煤厂应用了5G、物联网、大数据、人工智能、区块链、云计算与边缘计算等多种智能化"法宝"，选煤厂实现了数字孪生的可视化、建模、仿真、

选煤厂数字孪生模型及智能管控系统

虚实交互、感知和预测。"黑灯"选煤厂拥有数字孪生的三个主要特征：①数字模型。将现实物理世界数字化，构建虚拟世界，并实时动态精准监测更新数字模型。②虚实结合。虚拟数字世界可以与现实物理世界互动，建立虚实相通的平行世界。③仿真预测。通过仿真技术推演虚拟数字世界的发展，预测现实世界的未来，对潜在的问题进行预警。

煤炭储存监测与煤仓巡检机器人

煤炭储存是煤炭采出后、运走前不可缺少的中间环节，起到生产"缓冲"作用，选煤厂多数使用巨大圆柱形的煤仓（筒仓）进行煤炭的储存。

如何测量煤仓中煤炭的体积呢？传统方法通过手工用铅锤下垂到筒仓内料堆表面，从而获取仓内空位深度，进而估算出仓内料堆体积。由于筒仓内料堆上表面不平整，导致测量过程存在精度低、误差大等问题，而且人工测量存在劳动强度大、不能实时监测的缺点。智能仓储系统采用3D激光扫描技术，建立3D数字模型，实现对煤仓储煤量的实时监测。

红柳林煤矿煤仓（筒仓）

三维激光扫描

三维激光扫描又称为3D激光扫描，是一项新的数据获取手段。它利用激光测距的原理，通过记录被测物体表面的大量密集点云的三维坐标和纹理等信息，可快速复建出被测目标的线、面、体等全方位三维模型。具有速度快、精度高、快捷性等特点。

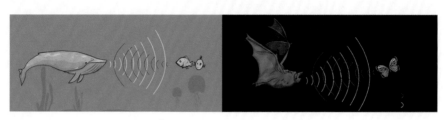

回声定位

三维激光扫描技术采用激光测距原理，与蝙蝠、海豚和潜水艇采用的回声定位原理相似。当光波（或声波）碰到一个障碍物（如墙面）时，会反射回来，我们会接收到反射回来的光波（或声波），依据光波传播速度（或声波传播速度）和来回传播时间，可以计算出传播的距离。激光测距利用的是光波，而回声定位利用的是声波。

煤仓储卸煤时仓内粉尘浓度非常高，煤仓巡检机器人可实现对煤仓煤尘浓度、气体浓度、温度等多种类状态信息实时连续采集，发现异常及时预警，保障煤仓安全。

煤仓内煤尘大、温湿度高，钢丝绳牵引机器人下煤仓巡检就像去一趟澡堂子，在煤尘遍布的煤仓"蒸蒸汗"，蒸的过程中"眼观六路、耳听八方"，时刻注意煤仓内部各类信息，等出汗了眼睛也模糊了，拖缆就把机器人拉上去冲个澡，然后烘干身上的水分。如此反复巡检，连续"打探"煤仓状态，如有异常，立马报告。

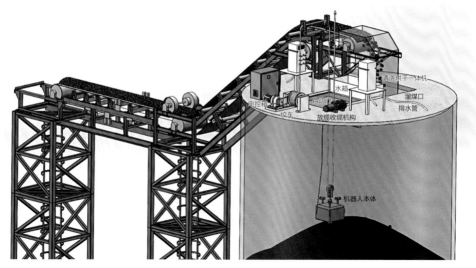

电控箱　水箱　清洗烘干一体机
绞车　自动　溜煤口
放缆收缆机构　排水管

机器人本体

煤仓巡检机器人

组合式智能干式选矸机器人

　　传统的人工选矸用人多、劳动强度大、效率低、效果差，还会对人体产生危害，组合式智能干式选矸机器人采用智能识别技术进行"看和想"，精准识别矸石，分选机构执行"做"，便捷又安全。这样，组合式智能干式选矸机器人便可完全取代人工选矸。

　　组合式智能干式选矸机器人将振动筛、识别系统、机械手分选机构、气锤分选机构组合在一起，可以算是一个小的机器人群组了。下面看看组合式智能干式选矸机器人如何工作。

人工选矸转为智能选矸

原煤进入矸选系统后经过视觉识别区域，视觉识别装置（高清视觉相机＋AI智能算法）可根据煤炭和煤矸石在图像中灰度、纹理等不同而识别出矸石和杂物，并将矸石和杂物的位置信息发至控制系统，控制系统根据该位置信息调控机器人和机械夹爪进行初分拣。

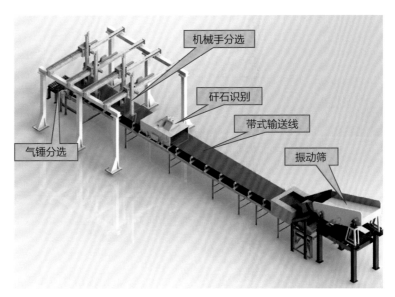

机械手分选

矸石识别

带式输送线

气锤分选

振动筛

组合式矸石分选机器人

初分拣后的原煤再经过X射线识别区域，通过X射线和图像识别技术识别出煤流中较小的煤矸石，并锁定它们的位置。当小块煤矸石随着输送带运输至输送带边缘时，X射线智能干选系统通过控制高压气阀的开闭，用高压气流把小块矸石或其他杂质"吹"出去，并落到远处的矸石溜槽里，而高质量的煤炭沿着原运动轨迹进入精煤溜槽内，进而完成精细筛选。

视觉识别采用的高清相机识别模组像人眼一样通过物体表面的灰度、纹理识别矸石；而X射线可直接窥探矿石内部结构，可谓是"照妖镜"，是煤是矸，一照便知。医院做CT检查和机场、火车站的行李安检，便是采用X射线透视的。

视觉识别装置

气锤分选机构（高压吹气装置）

机械手分选机构

🔥 **知识卡**

X射线

X射线又叫X光，一种肉眼不可见的光，波长介于紫外线和γ射线之间。由德国物理学家W. K. 伦琴于1895年发现，故又称伦琴射线。伦琴射线属于高能射线，穿透力很强，能透过许多对可见光不透明的物质，如墨纸、木料等。

X射线用于行李安检

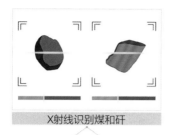

X射线识别煤和矸 　　压缩空气将矸石吹飞

原煤在输送带上运输 　　标记煤和矸 　　煤和矸石分别进入各自的溜槽

X射线智能干法选煤工艺流程

智能重介系统

　　智能重介系统是以选煤厂原煤和重介生产为基础，通过重介分选特征分析，系统在线智能给定循环介质密度和入料压力等分选工艺参数；借助密度自动控制系统实现密度自动调控，以达到所需的分选密度；最后将重介精煤测灰仪数据作为反馈量，对实际分选密度进行反馈调整，实现重介洗选过程的全流程自适应自动调节，实现"一键输入出产品"。

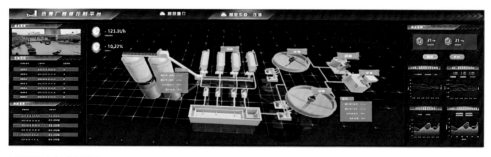

智慧重介控制系统

智能"加药"系统

前面讲到黑黑的"洗澡水"需要加絮凝剂等药剂促进沉淀，而传统加药工序（加絮凝剂等药剂）主要依靠工作人员经验，难以精准控制，常出现"水多了加面，面多了加水"的尴尬局面，造成煤泥水处理效果差和药剂浪费。

智能"加药"系统采用界面仪、浊度计等智能监测传感器、智能反馈控制技术和设备"加药"智能控制技术等，将给药设备、搅拌设备、补水设备智能化，实现给药量、给药时间和给药频率的智能调节，无须人工干预。在保证煤泥水处理效果的同时，降低药剂消耗量，提高选煤厂的经济效益。

智能浓缩、压滤、加药系统（絮凝剂用量精准控制）

人工经验控制"水多了加面，面多了加水"

**人员定位与
智能照明
管理系统**

　　"黑灯"选煤厂将智能照明技术与人员定位技术相融合，工作人员只需佩戴定位卡，就能实现"人来灯亮，人走灯灭"。人员定位采用UWB（超宽带）精准定位技术，静态定位精度小于30厘米，动态定位精度小于1米。人员定位与智能照明管理系统可依据人员位置，自动为工作人员开灯和关灯。

人员定位与智能照明管理系统

第九章

6S智能化
煤矿时代

6S智能化煤矿以安全（Safety）与可靠（Security）为基础，通过专业化服务（Service）构建煤矿智慧生态（Smartness），从而建设以煤矿智能化为支撑的煤炭柔性（Sensitivity）开发供给体系，最终保障煤炭可持续高质量发展（Sustainability）。6S智能化煤矿是以资源与环境和谐可持续开发为理念，以智能化开发技术与装备为保障，以生态环境保护为硬约束，运用先进科学技术与现代管理理念，实现煤炭资源安全、智能、绿色开发，构建和谐有序、协调一致、智能高效、绿色可持续的煤炭资源开发模式。

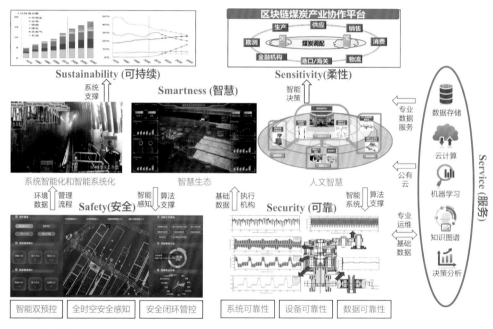

6S智能化煤矿内涵和架构

本篇主要介绍6S智能化煤矿安全、可靠、可持续、柔性、服务和智慧的6大技术特征要求。

Safety（安全）
—— 智能化煤矿的基本要求

煤矿安全是一个综合性的概念，包括地质安全、生产安全、供给安全、生态安全、经营安全等。煤矿安全要在安全红线下，做到各个安全要素之间的均衡。

煤矿安全

全时空安全信息感知监测系统

（1）建立面向人、机、环各要素的全面、实时监测监控传感体系。通过大量监测监控系统，对设备运行工况、系统运行状态、生产环节不安全行为进行监控，对潜在危险因素进行全面智能感知。

（2）建立数据传输与数据中台（数据湖）。通过井（坑）下高速网络，将各类数据快速采集到企业的信息中心站或直接存储入数据中台（数据湖），明确各类不同数据的格式和口径等，对各种数据进行预处理，为其他系统的使用奠定基础。

（3）实现数据孪生。以感知监测等系统获取全面、实时动态数据，结合数据可视化方法在虚拟空间建立煤矿数字孪生模型，实时反映井（坑）下的实际情况，为生产过程的透彻感知、安全管理的预测预控、经营活动的精益管理等提供直观支持。

智能安全双重预防机制

双重预防体系是安全双体系，包括风险分级管控体系和隐患排查治理体系，其目的是要把安全生产关口前移，把事故隐患提前消灭掉。

双重预防机制

（1）风险智能辨识和管控措施自动关联。通过智能视频识别、数据聚类、关联分析等方法，智能安全双重预防机制能够实现对风险的智能识别、管控措施的自动关联，极大减少辨识工作量。

（2）风险静态与动态智能评估。通过大数据分析，准确了解煤矿安全风险管控重点，科学评价静态风险等级；同时对与安全相关的"人、机、环、管"数据全面集成，采用AI人工智能算法对不同层级的风险进行综合、动态评估，并对风险变化情况进行预测、预警。

（3）智能风险管控与隐患排查。根据静态风险评估结果，优化企业安全管理资源计划，并根据动态评估的预测结果，动态调整资源配置。同时，可采用摄像头、井下巡检机器人等智能化装备，实现远程、无人巡检。

（4）根据数据监测和预警信息，智能下发隐患整改任务，改变了隐患排查过于依靠人工的不足。根据监测数据的阈值、模式异常来判断并预警风险信息，直接向相关责任单位下发隐患整改计划，掌握隐患排查的主动权。

（5）智能双重预防机制持续改进。根据对双重预防机制运行过程数据的分析，智能双重预防能够实现隐患排查、风险辨识与管控，以及为整个管理体系自动提出改进建议，如隐患排查重点的调整、风险及其管控措施的改进、安全等级调整等，推动企业安全治理能力不断提升。

智能安全闭环管控系统

智能安全闭环管控系统可实现如下功能：

（1）实现隐患排查计划管理。根据风险分布情况和既往隐患排查数据，制订当期隐患排查计划。当计划与实际情况存在较大偏离时，该功能能够向责任单位、责任人发出提示和预警。

（2）智能化隐患排查管理。各管理、技术、安监人员根据计划要求开展隐患排查工作，隐患排查具体行程通过人员定位系统与隐患排查计划管理系统相互印证。

（3）智能化隐患治理与督办。隐患排查过程中发现隐患后或智能化监测监控系统发现异常、超限后，系统生成隐患信息发送给责任单位和责任人，以及督办单位和督办人。系统支持责任人对隐患治理情况进行完善，支持多媒体数据；支持对督办人的提示和督办信息的处理与推送。

（4）智能化隐患验收与销号。系统在收到隐患责任人提交的信息或多媒体数据时，可以生成预验收，并通知验收人尽快验收。验收人验收后，系统对该隐患销号，实现全流程的闭环管理。

（5）智能化数据分析。系统能够根据积累的隐患数据、闭环管理数据进行多维度数据分析，及时发现存在的问题，为下一周期安全管理决策提供科学依据。

煤矿智能化建设是高新技术融入矿山场景、渐进迭代发展的过程，智能化煤矿应具有3个基本能力：信息感知与获取能力、数据分析与决策能力、自动执行能力，可简单理解为"看、想、做"3个基本能力。数据智能和装备智能是实现煤矿智能化的重要抓手，系统可靠性作为基础数据，为执行机构的智能化高效执行奠定了坚实基础。

🔥 知识卡

可靠性

可靠性是指元件、产品、系统在一定时间内、一定条件下无故障地执行指定功能的能力或可能性。一般通过可靠度、失效率、平均无故障间隔等来评价产品的可靠性。

煤矿巨系统可靠性

煤矿系统包含的子系统种类繁多、数量庞大，如地质勘探、巷道掘进、工作面回采、煤流运输、一通三防等，各系统变量众多且相互关联机制复杂，构成复杂巨系统。由于煤矿涉及系统众多，系统链任何一个环节出现问题都将对系统产生较大影响，因此煤矿巨系统可靠性对于煤矿高效运行具有重要意义。

智能化煤矿巨系统的可靠性较为复杂，具体包括设备可靠性、传感器可靠性、数据可靠性、软件系统可靠性、人员可靠性等方面。针对煤矿巨系统应构建其可靠性工程，保障煤矿高效运行。

另外，对于煤矿巨系统管理过程也应构建可靠性管理体系，包括建立质量保证体系、制订可靠性工作计划、对转承制方及供应方的监督和控制、可靠性大纲评审、故障审查及组织、确定可靠性关键件和重要件、制定可靠性标准等，从而保证系统薄弱环节出现的问题能有效解决，避免因部分系统的故障造成系统全面停摆。

信息基础设施

智能地质保障系统

智能主煤流输送系统

智能开采系统

智能掘进系统

智能辅助运输系统

智能洗选系统

智慧园区管理系统

智能通风压风系统

智能供电供水系统

智能安全监控系统

煤矿巨系统可靠性

数据可靠性

推进煤炭生产企业建立安全、共享、高效的煤矿智能化大数据应用平台，构建实时、透明的煤矿采、掘、机、运、通、洗选等数据链条，实现煤矿智能化和大数据的深度融合与应用，是煤矿智能化的关键基础特征。数据可靠性是指在数据的生命周期内，所有数据都是完全的、一致的和准确的。数据是否准确可靠决定整个系统运行的结果。

因此，在煤矿智能化建设过程中，首先应构建煤矿数据全生命周期管理系统，以企业级数据字典为依据，制定数据质量检核和监控规则，以数据服务化的形式提供高可用、可控、快捷、开放的数据共享服务，塑造煤矿数据生态。

煤矿数据全生命周期管理以数据质量管理为核心，对主数据、元数据、业务数据实现采集、存储、管理全生命周期管理，以基础类数据标准为指导，以关键系统数据模型为参考，通过元数据管理系统提供统一视图，为问题分析提供支撑，圈定影响范围，明确数据质量影响；根据规则分析机制，制定规则，基于规则监控数据状况，提供数据告警和分析报告。数据管理平台可基于区块链技术，发挥区块链在促进数据共享、优化业务流程、降低运营成本、提升协同效率、建设可信体系等方面的作用，实现数据准确性、可用性、数据更改等方面的数据监管。

设备可靠性

煤机装备工作的地下环境非常复杂，对设备的瞬间作用可能超出其正常负荷的几倍甚至几十倍，现有装备往往更注重新技术的应用、增大功率和尺寸等参数，但在品质、易用性、寿命等产品基础性能方面关注不够，而设备的可靠是实现系统高效运行的核心基础。因此，必须建立健全煤矿关键元部件研发及可靠性保障体系。

针对我国大型煤机装备存在的质量差、寿命短、可靠性低等问题，构建煤矿装备全生命周期管理体系：在设备的设计和制造环节进行可靠性仿真分析，研究数字样机在环境载荷组合条件下的温度、振动、应力响应，优化设计和制造工艺。在设备使用阶段进行设备健康管理，开展包括采煤机、液压支架和刮板输送机的寿命评估、故障预测、性能趋势监控技术和方法研究；开展虚拟维修技术与维修策略研究；完成煤机装备全生命周期故障发生规律及其故障预防、控制和修复。煤矿装备全生命周期管理体系可大幅提升煤机装备的可靠性水平，实现装备质量的跨越发展，降低维修费用和企业运行成本，提升企业核心竞争力。

资源保障可持续

近年来，随着煤炭资源的大规模、高强度、持续开发，浅部优质煤炭资源储量正逐年减少，煤炭资源开采深度逐年增加，我国中东部矿区部分煤矿开采深度已经达到千米以上。目前，我国部分省区煤炭资源后续储备不足，资源枯竭导致部分煤矿停产、限产、关停，严重制约了煤炭资源的安全稳定供给。

煤炭资源保障可持续是指基于国家能源消费需求及供给结构现状，预测国家能源消费结构及供需变化趋势，并根据预测科学有序地制定煤炭资源开发规划，保障煤炭资源持续、稳定、可靠供给。针对煤炭资源开发利用现状，应加大煤炭资源管理和地

知识卡

可持续性

可持续性是指一种可以长久维持的过程或状态。煤矿的可持续性主要包括资源保障可持续、高质量发展可持续。

质勘探，调整煤炭生产供给结构，提高煤炭资源回采率与利用效率，将煤炭资源回采率与利用率作为一项重要的考核指标，制定相关奖惩机制，提高煤炭资源开发与利用水平。通过制定煤炭资源开发利用和可持续发展规划，实现煤炭资源的科学、有序、稳定供给。

高质量发展可持续

高质量发展可持续应遵循"四个革命、一个合作"的能源安全新战略原则，以创新为动力，实现煤炭开发利用全过程、全要素、全周期、全方位的高质量发展及绿色生态保护。其特征表现为：集约化开采模式、智能绿色开采技术与装备、高效率与高效益、井下无人少人作业、煤炭清洁低碳高效利用，实现环境生态化、开采方式智能化、资源利用高效化、管理信息数字化和矿区社区和谐化。

煤炭高质量发展可持续除应实现安全、高效、智能、绿色开发，以及清洁、低碳、高效利用以外，还应建立常态化的煤矿退出机制，推进老旧矿区生产与转型的超前对接。另外，还应考虑煤炭与太阳能、风能等非化石能源的深度耦合，走多能融合、多能互补的道路。

柔性生产系统

煤炭智能柔性开发供给体系是将新一代信息技术与煤炭开发、运输、仓储、需求预测等进行深度融合，建立以数字化为基础、智能化赋能的多层次网状煤炭开发供应链，实现对煤炭需求的超前精准预测，并基于预测结果对煤炭生产、运输、仓储等进行智能优化调节，实现煤炭资源安全、高效、稳定、柔性供给。

柔性生产系统是指生产系统能够根据外部市场的需求变化而进行生产能力动态响应的自动化生产系统。煤矿生产系统柔性是智能化柔性煤炭开发供给体系的核心，主要依托煤矿智能化开采技术装备及智能管理系统实现。根据外部需求变化对矿井生产能力进行动态调整，当市场需求旺盛时可快速增加产能，当市场需求低迷时可低成本抑制产能，能够充分满足订单式生产要求。

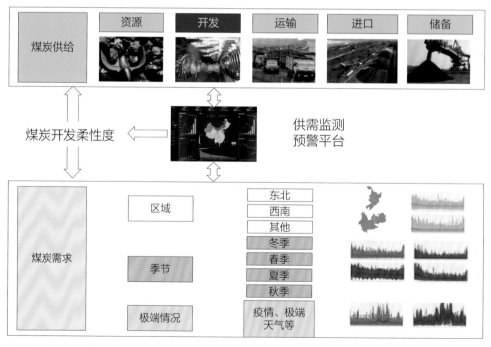

煤矿智能柔性供给

市场敏感性

煤炭市场敏感性（供需响应）可以用煤炭开发供给柔性度来衡量，包括煤炭生产能力柔性系数、煤炭运销能力柔性系数、煤炭开发供给综合柔性度。煤矿生产能力柔性即煤矿生产能力、实际产量能够灵活变化以及时应对煤炭需求变化的能力；煤炭运销能力柔性即煤炭供应链上的铁路、港口等煤炭运输能力应对煤炭需求变化的能力。

柔性供给体系

智能柔性煤矿建设是煤炭柔性开发供给体系的基础，将新一代信息技术（5G、人工智能、物联网、云计算、大数据、区块链等）与煤炭开发、运输、销售、利用等进行深度融合，支撑构建煤炭智能柔性开发供给体系。煤炭智能柔性开发供给体系以煤矿生产柔性和运输柔性为核心，以煤炭开发供给柔性度为基础，以物联网、大数据、区块链等新一代信息技术为代表的支撑技术和以横向集成、纵向贯通等使能技术为支撑，实现煤炭供给的智能柔性生产、安全稳定供给、动态供需平衡目标。

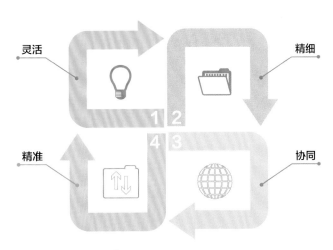

柔性供给体系的特点

Service（服务）
——智能化煤矿的技术手段

推广新一代信息技术应用，分级建设智能化平台是煤矿智能化建设的重要任务之一，其依赖于煤矿生产管理经营大数据的综合管控。在煤矿行业集聚不同生产模式、不同地质条件煤矿企业的数据，深度整合数据信息，深耕数据应用场景，以庞大的数据中心加上专用的数据终端，形成数据采集、信息萃取、价值传递的完整链条，能够实现煤矿行业数据价值最大化。

由于煤矿场景复杂多变，需要具有专业背景及了解煤矿工艺的相关技术人员进行专业化处理，才能够实现数据知识化，现有数据由各大煤矿企业进行数据存储，专业研究人员可接触到的数据较少，而煤矿企业面对数据又无从下手，造成数据上下游无法打通。

针对煤矿大数据服务模式，综合来说主要在公有云增值服务、企业内部专业化服务、社会专业化运维服务几个方面发力，打通不同层面之间的数据，构建数据生态，使开发、应用、优化成为有机整体。

公有云增值服务

公有云增值服务主要通过构建行业云基础设施，搭建煤炭工业互联网平台和煤炭工业大数据中心，汇聚煤炭行业全产业链数据资源，通过感知、互联、分析、自学习、预测、决策、控制技术集成，提供面向行业上下游企业、政府、协会等综合数据服务，从而促进煤炭产业数字化能力提升。

公有云围绕煤炭行业业务特点，以全中心资源共享开放为核心，面向专业应用提供快速构建的通用业务支撑服务，统一用户、统一认证、统一权限，以满足不同用户的需求。统一汇聚煤炭行业共性服务接口（数据服务接口和应用服务接口），通过抽取和提炼应用系统的共性业务需求，进行模块化封装，基于应用

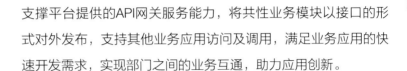

知识卡

公有云

公有云通常指第三方提供商为用户提供的能够使用的云，公有云一般可通过互联网使用，公有云的核心属性是共享资源服务。

支撑平台提供的API网关服务能力，将共性业务模块以接口的形式对外发布，支持其他业务应用访问及调用，满足业务应用的快速开发需求，实现部门之间的业务互通，助力应用创新。

企业内部专业化服务

企业内部专业化服务面向煤矿实际生产场景，一方面在矿端构建数据全生命周期管理系统，通过数据服务的形式支撑各业务系统，避免原有点对点的数据对接，打通信息壁垒，构建煤矿主体化专业化的大数据服务；另一方面，在集团侧部署云数据中心，构建区域化协同分析，将同类地质条件工况情况下的各类数据进行关联分析，应用人工智能算法构建智能数据引擎，完成模型训练与知识库构建，并为各矿侧提供算力，保证业务有效落地。

以地图、空间数据服务为例，数据移动平台的地图、空间数据调度任务，从"一张图"GIS系统中抽取相关地理信息数据，进入数据融合平台存入地图、空间库，数据管理员在数据分析平台中可根据地图、空间库，自助设计相关可视化展示界面，也可在数据资产管理平台中，建立地图、空间主题并设置权限开放共享，供其他系统使用。

社会专业化运维服务

从系统维护尤其是信息化系统运维的角度，通过公有云构建统一远程运维运营专线体系，按照"一切资源化、资源目录化"

的原则，实现所有基础设施资源、各类软件资源、数据资源、应用资源、服务资源等的统一运营运维管理；对于设备运维管理，设备系统供应商可从设计到使用建立全生命周期管理运维服务模式，对设备从出厂到使用全寿命过程的健康状况进行监测与管理，并根据设备健康特征对维修策略进行决策并给出合理维修建议，从而实现对于煤矿全工位机电设备健康智能管理；还可由专业团队对于生产安全等煤矿关键数据进行态势分析，主动向煤矿生产企业或监管部门推送分析报告并给出合理化建议策略，实现安全态势预警、专家远程会诊、供应链协同、煤炭资源规划等业务应用。

系统智能化与智能系统化

煤矿智能化应结合现代煤炭开采工艺和装备技术，将矿山信息化和工业自动化深度融合，建立全面感知、实时互联、分析决策、自主学习、动态预测、协同控制的智能化系统。实现矿山数据的精准实时采集和高效可靠传输、信息的有序规范集成和动态可视展现、生产的自动协同运行和自主决策控制、业务的安全高效运营和全面精细管控。通过工艺、技术和管理持续改进与创新，建设煤炭少人、无人化生产新型矿山，达到安全、高效、绿色的生产目的。

智慧是煤矿智能化的基本特征，其包含两个方面内涵。一方面是现有生产及安全系统与新一代信息技术相结合，包括5G高可靠性传输网络、应用先进智能传感手段、应用大数据人工智能等实现数据赋能等，使原有系统具有智能化特征，更好地为煤矿服务；另一方面，借助目前机器视觉等新的人工智能技术与煤矿实际应用场景相结合，使之成为"感知—决策—执行"的完整系统，从而解决煤矿现有系统的不足，助力煤矿智能化升级。

系统智能与人文智慧融合的煤矿生态

新型智慧矿山建设应强调"以人为本",以造福职工、创造企业价值、建设以人为本的智慧矿山新生态为根本目标。智慧矿山是系统智能与人文智慧的融合。系统智能是指矿山运行系统具有人—机—环—管全流程的数字互联高效协同能力和智能决策自动化运行的能力;人文智慧在矿山运营中起决定性作用,它是借助信息通信技术和人工智能技术将管理者的思想、知识、要求等变成系统决策的依据,提高决策水平,降低劳动强度,实现安全高效、绿色低碳、健康运行的目的。

与社会协同的智慧生态

(1)建设国家级智能绿色示范矿井、智慧矿区,高质量开发利用西部矿产资源,将西部资源优势转化为经济优势,引领西部地区产业升级,推进西部大开发形成新格局、高质量。

(2)建设智能绿色矿业示范基地。打造一批支撑试验区建设的智慧矿山、矿区生态环境修复、矿井下空间利用等示范基地。大型露天矿开发与生态治理并举,以开发促生态改善。推进矿产开发、废弃闭坑矿井资源开发利用,智慧矿山建设与区域经济一体化高质量发展,优化资源配置,构建国家级智能绿色矿业样板工程,形成全面智能运行、科学绿色开发的新型矿业产业生态。

培育矿产资源型地区(城市)数字化产业新业态

支持矿产资源型地区(城市)培育新一代信息技术、高端装备、新能源、绿色环保等产业。加大对综合试验区"5G+工业互联网"基础建设的支持力度,建设智慧矿区公共信息服务平台,发展以数字化为核心的智慧物流、智能制造、机器人等产业,形成一批战略性新兴产业集群,支持在示范区建设数字产业急需应用型人才培养基地。

开展矿区—城市智慧绿色小镇建设示范

在综合示范区打造集矿业科技研发、能源与技术交易、数字产业技术孵化、技术交流培训、工业文化展示、地域风情旅游和绿色智慧生活空间等为一体的矿区—城市智慧绿色小镇，深化矿区与城市双向互动，探索融汇绿色能源、绿色生态、智慧物流、数字产业—特色文化的矿区—城市融合新模式，为资源型地区矿业与社会协调发展和新型城镇建设提供样板。

建立矿区立体化开发体系

推进煤与共伴生矿产资源、地热资源、动力能量等资源协同化勘查、开发与利用；推进矿产资源协同开发，在矿区就近开发建设智能化选矿、矿产深加工，延伸产业链和价值链。

建设多能耦合低碳发展体系

以煤电为核心，与太阳能、风电协同发展，构建风、光、电、热、气多元协同的清洁能源系统。利用废弃矿井开展抽水储能、压缩空气储能。